建筑与市政工程施工现场专业人员继续教育教材

建筑工程施工项目技术管理

中国建设教育协会继续教育委员会　组织编写

梅晓丽　主编

中国建筑工业出版社

图书在版编目（CIP）数据

建筑工程施工项目技术管理/ 中国建设教育协会继续教育
委员会组织编写. —北京：中国建筑工业出版社，2016.3
（建筑与市政工程施工现场专业人员继续教育教材）
ISBN 978-7-112-19017-1

Ⅰ.①建… Ⅱ.①中… Ⅲ.①建筑工程-工程施工-继续教
育-教材 Ⅳ.①TU714

中国版本图书馆 CIP 数据核字（2016）第 008952 号

本书适用于建筑与市政工程施工现场专业人员继续教育使用，全书共 12 项内
容，包括项目技术管理概述、技术标准管理、施工组织设计、施工方案、技术交
底、深化设计、图纸会审与设计变更洽商、工程试验管理、工程资料管理、工程测
量和计量管理、工程施工影像管理、工程质量检验技术管理。

本书可作为建筑施工项目管理人员的参考用书。

责任编辑：朱首明　李　明　李　阳　李　慧
责任设计：李志立
责任校对：李欣慰　赵　颖

建筑与市政工程施工现场专业人员继续教育教材
建筑工程施工项目技术管理
中国建设教育协会继续教育委员会　组织编写
梅晓丽　主编

*

中国建筑工业出版社出版、发行（北京西郊百万庄）
各地新华书店、建筑书店经销
北京红光制版公司制版
北京中科印刷有限公司印刷

*

开本：787×1092 毫米　1/16　印张：9¾　字数：240 千字
2016 年 3 月第一版　2016 年 8 月第二次印刷
定价：26.00 元
ISBN 978-7-112-19017-1
（28201）

建筑与市政工程施工现场专业
人员继续教育教材
编审委员会

主　任：沈元勤

副主任：艾伟杰　李　明

委　员：（按姓氏笔画为序）

参编单位：

中建一局培训中心

北京建工培训中心

山东省建筑科学研究院

哈尔滨工业大学

河北工业大学

河北建筑工程学院

上海建峰职业技术学院

杭州建工集团有限责任公司

浙江赐泽标准技术咨询有限公司

浙江铭轩建筑工程有限公司

华恒建设集团有限公司

序

　　建筑与市政工程施工现场专业人员队伍素质是影响工程质量、安全、进度的关键因素。我国从 20 世纪 80 年代开始，在建设行业开展关键岗位培训考核和持证上岗工作，对于提高建设行业从业人员的素质起到了积极的作用。进入 21 世纪，在改革行政审批制度和转变政府职能的背景下，建设行业教育主管部门转变行业人才工作思路，积极规划和组织职业标准的研发。在住房和城乡建设部人事司的主持下，由中国建设教育协会主编了建设行业的第一部职业标准——《建筑与市政工程施工现场专业人员职业标准》JGJ/T 250—2011，于 2012 年 1 月 1 日起实施。为推动该标准的贯彻落实，中国建设教育协会组织有关专家编写了考核评价大纲、标准培训教材和配套习题集。

　　随着时代的发展，建筑技术日新月异，为了让从业人员跟上时代的发展要求，使他们的从业有后继动力，就要在行业内建立终身学习制度。为此，为了满足建设行业现场专业人员继续教育培训工作的需要，继续教育委员会组织业内专家，按照《标准》中对从业人员能力的要求，结合行业发展的需求，编写了《建筑与市政工程施工现场专业人员继续教育教材》。

　　本套教材作者均为长期从事技术工作和培训工作的业内专家，主要内容都经过反复筛选，特别注意满足企业用人需求，加强专业人员岗位实操能力。编写时均以企业岗位实际需求为出发点，按照简洁、实用的原则，精选热点专题，突出能力提升，能在有限的学时内满足现场专业人员继续教育培训的需求。我们还邀请专家为通用教材录制了视频课程，以方便大家学习。

　　由于时间仓促，教材编写过程中难免存在不足，我们恳请使用本套教材的培训机构、教师和广大学员多提宝贵意见，以便我们今后进一步修订，使其不断完善。

中国建设教育协会继续教育委员会

2015 年 12 月

前　　言

　　建筑工程施工项目的技术管理工作是项目管理的重要组成部分，不仅包括日常的项目技术管理工作，同时还担负着降本增效、促进项目盈利的重要使命。

　　本书以建筑工程施工项目为对象，阐述了项目技术管理的主要内容和工作流程。第一章主要介绍了技术管理的任务、组织架构和责任分工。第二章介绍了项目施工所依据的技术标准的管理，从而确保项目实施严格按照现行有效的技术规范进行。第三、四、五章重点对施工组织设计、施工方案和技术交底进行详细阐述并辅之以主要技术文件的编制要点，这是项目技术管理的核心内容。后面的章节分别对深化设计、设计变更和工程洽商、计量器具、试验、资料、质量、影像资料等内容在概念和管理流程上作了介绍。

　　本书系统地梳理了项目技术管理的工作内容和管理流程，有助于科学推动项目技术管理的标准化进程。可作为建筑施工项目技术管理人员的参考用书。

　　本书由梅晓丽主编，郝继笑，魏刚副主编，屈虹、陈欣、谢彤彤、叶梅、王冬、刘振华参编。

　　由于编者水平的局限，本书难免有不妥之处，恳请广大读者批评指正。

目　　录

一、项目技术管理概述

（一）工程项目技术管理的任务和作用

1. 工程项目技术管理的主要任务

建筑施工总承包企业技术管理的主要任务是贯彻国家和地方有关技术工作的方针政策，为企业的生产经营活动提供技术保障，实现企业的各项经济技术指标，促进企业的技术管理工作标准化和规范化。

建筑工程施工项目部应执行工程总承包企业相关技术管理制度。

项目部技术管理的任务是在所承包的工程项目建设过程中，运用计划、组织、指挥、协调和控制等管理职能，促进技术工作的开展，正确贯彻国家的技术政策和上级有关技术工作要求，科学组织各项技术工作，优化技术方案，推动技术进步，保证建筑工程实施过程符合技术规范、规程的要求，并顺利完成工程项目安全、质量、工期等目标，实现技术、经济、质量、绿色施工与进度的统一。

2. 工程项目技术管理在整个管理工作中的作用

工程项目技术管理是项目管理的重要组成部分，技术管理贯穿于项目的全过程，技术管理的好坏是项目成败的关键。项目技术管理对于保证工程质量和安全，降低工程成本，提高施工效率，增加经济效益都具有举足轻重的作用。

（1）通过计划和有序地进行项目技术管理，可以保证施工过程遵循科学规律，符合技术规范要求。

（2）有利于结合工程特点和实际施工条件，选用先进、合理、经济、适用的施工方法，从根本上保证工程施工质量和安全。

（3）针对工程特点进行设计图纸和施工方案的优化，有利于提高施工效率，加快施工速度，缩短工期，降低成本，提高经济效益。

（4）在工程项目实施过程中，组织技术攻关、技术改革和技术研究工作，积极开发与推广新技术、新工艺、新材料和新设备，有利于不断总结经验，创造新的施工方法，从而提升企业的核心竞争力。

（二）项目技术管理体系

1. 项目技术管理体系组成

项目施工现场的技术管理体系是施工企业为实施承建工程项目管理的技术工作机构，主要包括项目技术负责人及其领导下的技术管理部门。

（1）项目部设项目技术负责人，由上级总工程师领导，在分管的项目部技术工作范围内行使职权。

（2）项目部设技术管理部门，接受项目技术负责人领导，并根据工程管理的特点配备相应的技术部经理及相关专业技术管理人员。项目技术管理部门相关专业技术管理人员包括技术工程师（各专业）、测量工程师、试验工程师、资料工程师、设计工程师、计量工程师等。

（3）项目部根据工程特点、规模、专业内容、施工图纸、工期安排等情况，由技术管理机构实施动态调整，分阶段配置。

（4）技术管理体系组织机构见图1-1。

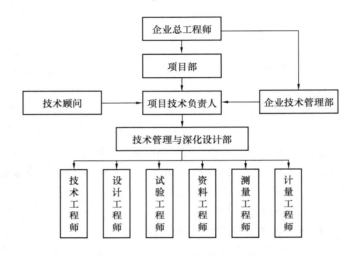

图 1-1   技术管理体系组织机构

2. 工作职责

（1）项目部技术负责人

1）制定项目部技术管理制度及业务流程。根据上级管理部门颁发的技术管理制度和本工程项目的具体情况，编制项目部施工技术工作管理制度和技术管理业务流程，并贯彻执行；

2）负责编制本工程项目的施工组织设计，制定质量创优计划；组织编制工程项目的专项施工方案，并组织贯彻执行；

3）组织编制本工程项目的深化设计任务书，并督促计划的落实；

4）制定采用"四新"的实施计划并负责实施，努力开展技术创新活动，推动技术进步；

5）主持对施工图纸的预审，并形成审核记录。主持对施工现场总平面图规划及布置、土建安装施工的主要衔接关系及其他各专业间相互关系的会审。参加一般和重大设计变更的审议；

6）审核重要的施工技术措施；主持解决工程项目施工中重要的技术问题；审定重要的技术结论；负责签署项目部的技术文件；

7）运用网络计划方法编制工程项目的施工进度网络图，根据合同要求制定施工进度控制关键节点的控制时间及控制措施，并及时跟踪分析、适时修改，加强其指导施工的功能；

8）参与制定工程项目年、月度施工计划和技术供应计划；主持（或参加）日常的施工组织、调度工作会议及与业主、监理的工作例会，及时解决存在的技术问题；

9）审定技术总结题目，组织技术人员在施工过程中积累技术资料，及时编制施工技术总结，组织项目部人员参加各级技术交流活动；

10）督促工程、测量、质量、安全、物资及资料负责人做好施工技术记录、检查验收签证、技术检验报告、调整试验报告等施工资料的积累、整理和保管工作；负责工程项目的交、竣工文件资料的整理、汇编、移交工作；

11）组织项目部的技术管理人员认真学习施工图纸和技术规范。在单位工程开工前，负责向承担施工的负责人或分包人进行书面技术交底；在施工过程中负责对建设单位或设计单位提出的有关施工方案、技术措施及设计变更的要求，组织责任工程师，在执行前向执行人员进行书面技术交底；

12）负责审核工程分包商的施工方案，督促其配合总体方案的实施。

（2）项目技术部经理

1）贯彻执行项目部的施工技术管理制度，实现工程项目的技术管理和质量管理目标；

2）参与施工组织设计编制；编制和执行专项施工技术方案；组织执行施工组织设计；

3）编制本工程项目的深化设计工作计划；参加施工图纸的会（预）审；编制工程洽商；

4）开展技术改进及合理化建议活动，组织实施"四新"计划及技术措施；

5）负责与相关专业施工的衔接关系及各分项工程施工的相互衔接关系的具体调度及实施工作；

6）检查施工进度网络计划执行情况，及时解决出现的施工技术问题；

7）认真执行技术交底制度，组织施工人员学习施工图纸和技术资料；联系解决图纸会审中提出的问题；负责专项施工方案的技术交底；督促和检查班组的技术交底工作；

8）负责做好施工技术记录和技术签证；做好技术资料（包括竣工资料）的搜集、整理工作；编写专业施工技术总结；参加新技术、新产品的质量鉴定；

9）负责有关单位的材料、构件检验工作，包括混凝土、砂浆的试配；

10）检查施工大样图与加工订货大样图，并核对加工件规格、型号、数量及进场日期；

11）负责项目影像管理工作。

（3）技术工程师

1）认真执行上级管理单位和项目部的施工技术管理制度，实现本工程项目的技术管理目标；

2）参加施工组织设计或施工方案编制工作；参加编制专业施工方案或施工组织措施计划。并按批准的施工方案、组织措施开展工作；

3）组织操作人员学习施工图纸和技术要求；

4）须经常深入现场指导施工，及时发现和解决施工中的技术问题，纠正或制止施工违规现象，重大问题及时汇报；参加工地施工协调会，提出解决施工技术问题的意见；

5）督促和配合班组定期对施工机械、仪器、仪表及重要工器具的检查和维护；

6）参与制定施工项目的设备、原材料、半成品和成品的技术检验计划，并配合现场的检验工作。对检验报告进行收集，对所查出的问题及时汇报处理。参加材料、设备开箱检查；

7）按照施工进度要求，提出设备、原材料、加工件、机具的需用计划，并提出相应的技术要求。使用前，应按施工图及有关技术资料详细核对，发现问题及时汇报处理；

8）督促、指导班组做好施工技术记录，收集整理施工技术资料；

9）负责项目施工影响管理工作，按时按要求进行施工影像的收集工作；

10）负责具体项目深化设计和深化设计报审工作。

（4）资料管理员

1）负责做好工程技术档案的收集、整理、归档、立卷工作；

2）掌握资料管理规范，提高工作能力，指导施工人员做好工程资料，按时收集并检查资料是否齐全，前后有无矛盾，并分类装订，做好卷内目录的编制工作；

3）按施工技术资料管理的有关规定装订成册，及时将竣工资料移交建设单位、上级技术管理部门和公司档案室。

（5）试验工程师

1）负责现场试样的取样、送检；

2）协助检测单位进行实体等其他现场检测工作；负责现场简易试验工作，如砂石含水测试、混凝土出灌入模温度测试、大体积混凝土测温、混凝土稠度测试、冬施混凝土测温；

3）负责试样台账的编制；

4）负责试验报告的收集、移交和修改申请；

5）负责试验计量器具的更新、维护、检定。

（6）测量工程师

1）负责编制测量方案；

2）负责设置现场永久性测量控制点；

3）负责现场测量控制点测放；

4）负责对分包单位进行测量放线的技术交底；

5）负责对分包单位测放的轴线、标高进行校核。

（7）计量工程师

1）贯彻执行计量管理的各项规章制度和操作规程；

2）负责建立所属范围内计量器具台账、卡片和档案；

3）负责计量器具的配备、使用、维护保养工作；

4）负责按计量器具周期检定（校准）计划开展检定、校准及标识工作；

5）负责计量器具的购置、封存、降级、报废等的申报工作；

6）做好各种计量报表及各种原始数据的管理工作；

7）对各分包单位的计量器具、计量检测与记录的管理工作进行检查；

8）及时将计量器具台账、检定证书、维护保养记录等上报公司技术管理部门。

（三）技术管理主要内容

1. 工程投标阶段

在企业投标部门的领导下，熟悉招标文件、招标图纸、工程量清单等文件，按照要求编制投标施工组织设计。必要时，参加项目投标技术答辩。

2. 施工准备阶段

根据项目特点和人员配置情况，制定各项技术管理制度和工作流程，包括工程资料管理制度、施工图纸会审制度、施工组织设计管理制度、技术交底管理制度、设计变更和工程洽商管理制度、工程质量检查和验收制度等。

熟悉、审查中标文件和合同的要求，熟悉施工图纸，进行项目图纸预审；参加建设单位组织的图纸会审，根据项目预审记录提出的会审意见，形成图纸会审记录。

进行技术经济调查，召开技术策划会，开展技术措施的经济技术对比分析活动；根据技术及商务策划要求，编制施工组织设计、专项施工方案及技术交底。

根据工程特点，编制深化设计计划、新技术推广及应用计划和技术培训计划等。

配置必要的测量仪器、试验器具、技术标准、规范、图集。

3. 工程实施阶段

根据项目进展情况进行技术交底；深化设计出图；技术措施实施；技术检验及复核；材料及半成品的试验与检验；设计变更及工程洽商；标准、规范的贯彻与实施；测量工作的管理；特殊过程的控制；施工中技术问题的处理；施工技术资料的编制与整理；季节性施工措施的编制与实施等。

在工程结构和装修施工阶段，项目技术负责人组织项目技术部对影响工程质量的问题进行分析，制定系统性的预防措施，并组织实施，跟踪检查，对有效性做好记录。

4. 工程验收阶段

整理施工资料；工程预验收；竣工验收；移交施工技术档案。验收分为基础验收、主体结构验收和竣工验收三个验收阶段。遇工期较紧或其他原因，主体结构施工阶段需穿插装修施工时，可对主体结构予以分层验收，但必须确保验收楼层的资料齐备。

5. 工程保修阶段

项目技术部负责对工程保修阶段出现的问题，组织原项目经理部相关人员制定处理方案，并对存在的质量通病制定处理措施。

6. 技术研发与积累

开展技术创新活动，组织推广和应用住建部十项新技术，促进项目降本增效。组织相关人员根据工程中的技术创新项目及时做好总结、研发与推广工作，为企业的技术发展做好储备。

项目技术管理的主要内容如图 1-2 所示。

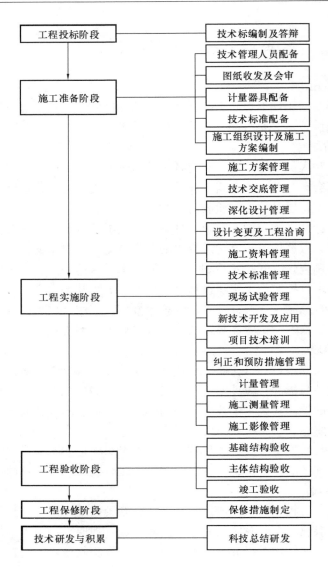

图 1-2　项目技术管理的主要内容

二、技术标准管理

（一）技术标准概述

建筑施工企业执行的技术标准主要包括国家、行业、地方、中国工程建设标准化协会、企业颁布的与施工技术相关的标准、规范、规程、图集等。

项目内部应根据企业技术标准管理要求对项目部使用的技术标准、规范、规程和图集进行有效管理，保证项目使用的各类技术标准、规范、规程、图集的购置、发放、废止等各阶段处于受控状态，并确保工程使用的技术标准、规范、规程、图集为最新有效版本。

（二）技术标准的管理

1. 管理职责

项目技术部是项目部各类技术标准、规范、规程、图集的归口管理部门。其职责主要包括：

（1）负责本项目部各类技术标准、规范、规程、图集的采购、接收、发放、记录工作；

（2）负责保证项目部工程技术人员能够配置到基本且有效的各类标准、规范、规程、施工图集；

（3）负责对项目部所用的技术标准、规范、规程、图集的适用性和符合性进行审核。

2. 管理内容

（1）技术标准的配置

项目开工后，技术部需根据工程特点配备或购置有关的建筑施工技术标准、规范、规程、图集。

（2）技术标准应及时进行盖章及编号标识，以保证项目技术标准处于受控状态。标识章如下表所示。

标 识 章 表 2-1

发文部门	
发文日期	
编　号	

技术标准、规范、规程、图集采用 X-Y-Z 的形式编号，具体规定如下：

X——标准类别的代号；

Y——部门的编号；

Z——发文顺序号。

例如《塑料门窗工程技术规程》，编号则为 JGJ-1-1。

（3）项目开工后，项目技术部根据所配备的技术标准，编制项目部《常用技术标准、规范、规程、图集目录》，各类技术标准、规范、规程、图集若有废止和新购，应随时修改其目录。

（4）发放与保管

项目部的技术标准、规范、规程、图集应统一编号、发放、记录。各类技术标准、规范、规程、图集发放时，应填写文件发放记录表，按要求及时下发到使用人，接收人签字领取；发放部门必须保留发放记录，保证其具有可追溯性。

（5）更新、废止

按照国家、行业和上级管理部门最新颁布的技术标准、规范、规程、图集通知，更新技术标准、规范、规程、图集。

技术标准、规范、规程、图集废止时，应按发放记录，由项目技术部加盖"作废"章，及时收回并销毁。对于作为参考或知识保存的废止的技术标准、规范、规程、图集，由各使用单位加盖"作废"章，登记在《常用技术标准、规范、规程、图集目录》，并标"留用"字样。

3. 管理流程

技术标准管理流程见图 2-1。

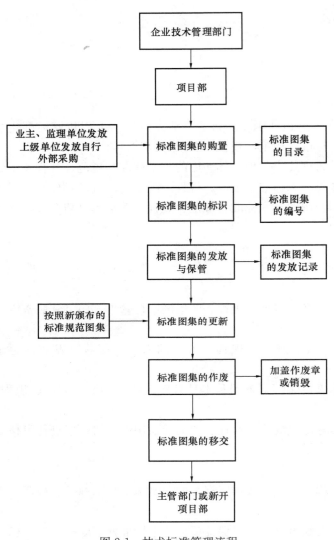

图 2-1　技术标准管理流程

三、施工组织设计

（一）施工组织设计概述

1. 概述

施工组织设计是项目经理受企业法人的委托，根据施工合同、国家法规、工程特点和企业条件而拟定的工程实施综合性文件。

施工组织设计是对工程实施全面、全过程组织、部署和方案的纲领性文件。文件的内容具有全局性、决策性、纲领性。所谓全局性是指针对的工程对象是整个项目，文件内容严谨、全面，对整个工程具有全方位的指导作用。决策性和纲领性是要求编制的内容简明扼要、原则明确，同时它的内容也是对项目实施的一个宏观、定性的描述。

施工组织设计是面向项目管理层对项目作出宏观决策的技术性文件，由项目经理组织，项目技术负责人召集项目部相关人员编制。

施工组织设计是从项目决策层的角度出发，突出"组织"两字和方案的选择确定。前者的关键是施工部署，而施工部署是施工组织设计的灵魂，后者的关键是选择，它更多反映的是方案确定的原则，是如何通过多方案比较确定施工方法。施工组织设计侧重决策、宏观指导。

凡是新建、扩建、改建的建（构）筑工程均应在施工前编制施工组织设计。

2. 分类

施工组织设计按编制对象不同分为：施工组织总设计、单位工程施工组织设计、阶段性（专项）施工组织设计。

（1）施工组织总设计

施工组织总设计是以若干单位工程组成的群体工程或特大型项目为主要对象编制的施工组织设计，对整个项目的施工过程起统筹规划、重点控制的作用。施工组织总设计是对建设项目施工组织的通盘规划。

（2）单位工程施工组织设计

单位工程施工组织设计是以单位工程为主要对象编制的施工组织设计，对单位工程的施工过程起指导和制约作用。根据施工合同和上级单位下达的有关工程进度、质量、安全、经济、环境保护等指标，由项目经理组织项目部各部门参与共同完成的施工指导性文件。

（3）阶段性（专项）施工组织设计

在设计文件不全、三边工程或业主有特殊要求的情况下，也可分阶段编制一个或多个分部工程的施工组织设计。但所有专项施工组织设计均作为工程施工组织设计的一个组成部分，在图纸到齐后15天内最终形成完整的工程施工组织总设计。

3. 作用

施工组织设计对整个工程具有全方位的宏观的指导作用，对施工的全过程起战略部署和战术安排的双重作用，适用于指导组织现场施工管理。

用于指导确定实施方案，论证施工技术经济合理性，为建设单位编制基本建设计划、施工单位编制建筑安装实施计划、组织物资供应等提供依据，确保能及时地进行施工准备工作，解决有关生产和生活等若干问题。

（二）施工组织设计编制

1. 施工组织设计编制前的准备工作

（1）合同文件的分析

项目合同文件是承包工程项目的依据，也是编制施工组织设计的基本依据，分析合同文件重点要弄清以下几方面内容：

工程地点、名称，业主、投资商、监理等合作方。

承包范围、合同条件：目的在于对承包项目有全面的了解，弄清各单项工程和单位工程名称、专业内容、工程结构、开竣工日期、质量标准、界面划分、特殊要求等。

设计图纸：要明确图纸的日期和份数，图纸设计深度，图纸备案，设计变更的通知方法等。

物资供应：明确各类材料、主要机械设备、安装设备等的供应分工和供应办法。由业主负责的，要弄清何时能供应、由哪方供应、供应批次等，以便制定需用量计划和仓储措施，安排好施工计划。

合同指定的技术规范和质量标准：了解指定的技术规范和质量标准，以便为制定技术措施提供依据。

以上是着重了解的内容，当然对合同文件中的其他条款，也不容忽略，只有对它认真地研究，方能编制出全面、准确、合理的施工组织设计。

（2）施工现场、周边环境调查

要对施工现场、周边环境作深入细致的实际调查，调查的主要内容有：

现场勘查，明确建筑物的位置、工程的大概工程量，场地现状条件等。

收集施工地区的自然条件资料，如地形、地质、水文资料等设计文件。

了解施工地区内的既有房屋、通信电力设备、给水排水管道、墓穴及其他建筑物情况，以便安排拆迁、改建计划。

调查施工区域的周边环境，有无大型社区，交通条件，施工水源、电源，有无施工作业空间，是否要临时占用市政空间等。

调查社会资源供应情况和施工条件。主要包括劳动力供应和来源，主要材料生产和供应，主要资源价格、质量、运输等。

（3）核算工程量

编制施工组织前和过程中，要结合业主提供的工程量清单或计价文件，对实施项目利用工程预算进行核算。目的是通过工程量核算，一是确保施工资源投入的合理性，包括劳动力和主要资源需要量的投入，同时结合施工部署中分层、分段流水作业的合理组织要求，量化人、材、机的投入数量和批次；二是通过工程量的计算，结合施工方法，编制施工辅助措施的投入计划，如土方工程的施工由利用挡土板改为放坡以后，土方工程量即会相应增加，而支撑锚钉材料就相应全部取消。

在编制施工组织设计前，结合施工部署方案的制定，对项目工程量进行详细核算，能够确保施工准备阶段措施量较为准确地测算，并在施工组织设计中得到详细体现，制定措施量投入计划，实现施工成本控制的预前控制。

2. 施工组织设计的编制原则

（1）认真贯彻国家和地方有关基本建设的各项方针和政策，严格执行建设程序和施工程序，以及施工技术规范、规程、标准及管理规定。

（2）满足图纸等设计文件与承包合同要求，充分考虑现场的特点和主客观条件，正确处理质量、进度、成本的关系，做好施工部署和施工方案的选定。

（3）坚持质量第一和安全生产的原则，推行全面质量管理和安全责任制，认真制定保证质量和安全的措施，以确保工程质量和安全生产。

（4）统筹全局，组织好施工协作，分期分批配套地组织施工，以缩短建设周期，尽早收到经济效益。

（5）科学合理安排施工顺序，充分利用空间和时间，组织流水作业。

（6）积极采用现代科学技术，不断提高机械化、工厂化、标准化施工水平，减轻劳动强度，促进职业健康和环境保护，提高劳动生产率。

（7）贯彻勤俭节约的方针，在革新、改造、挖潜的前提下，合理安排施工工艺，采取因地制宜、就地取材的措施，合理设置和使用机械设备，减少临时设施的规模，从各个环节上节约资金，降低工程成本。

（8）做好人力物力的综合平衡，做好冬、雨期施工安排，力争全年均衡生产。

（9）合理紧凑地规划施工总平面，优化暂设工程的配置和使用，充分利用永久性工程和附近已有设施，合理储存物资，节约施工用地，搞好文明施工。

（10）在计算技术经济指标的前提下，进行技术经济分析和多方案比较，积极采用新技术、新工艺、新材料、新产品，选择最优方案，在确保工程质量和安全施工的前提下，节约投资、降低工程成本，提高经济效益。

3. 施工组织设计的编制要求

施工组织设计/施工方案的编写应符合《建筑施工组织设计规范》GB/T 50502—2009等的要求。此外还应符合地方相关规范的要求。报奖项目还应符合报奖相关文件的要求。

对于"高、大、精、尖、特、难"工程项目的施工组织设计，项目部难以或无力单独完成的，则由公司总工程师牵头，公司技术管理部门组织，公司总部与项目部共同完成。

工程施工组织设计应在工程签订施工合同后，在设计图纸和设计文件齐备、满足合同要求、细化分解企业各项指标的基础上，由项目经理主持编制，项目各部门共同参与完成。在编制前，项目经理应组织项目相关部门负责人召开策划会；施工组织设计/施工方案编制时，应对策划点进行有针对性的深化和细化。施工组织设计由项目经理组织项目部相关部门、人员，以及各类社会资源（专家、顾问、专业分包等）共同参与完成。

施工组织设计文稿要求文字用词规范，图表设计合理，语言表达准确，概念逻辑清晰，格式及内容全文统一。编制依据不得引用国家废止的文件和标准。严禁在施工组织设计中使用国家、省、市、地方明令淘汰和禁止的建筑材料和施工工艺。

4. 施工组织设计的主要内容

（1）施工组织总设计

以组织整个建设项目或群体建筑工程实施为目的，以设计、施工图及其他相关资料为依据，指导施工全过程中各项施工活动。群体工程、小区工程以及规模较大、技术复杂、工期较长的重点建设项目，均应编制施工组织总设计。

施工组织总设计的主要内容应包括：

1）编制依据：主要包括合同（或协议）、施工图纸、主要规范规程、主要标准、主要法规、其他依据（如地质勘探报告、贯标等管理文件等）。

2）工程概况：包括工程总体简介、设计概况（建筑、结构专业）、工程典型平剖面图、工程特点与难点、施工概况。

3）全场性施工部署：主要内容包括主要经济技术指标、施工组织、任务划分、施工部署原则及总体施工顺序、施工进度计划、组织协调、主要项目工程量与材料计划、主要劳动力计划及劳动力用工曲线等。

4）全场性施工准备：通常包括现场准备和技术准备的要求。现场准备主要是对现场"三通一平"的准备，即水通、电通、道路通及场地平整，如遇问题则须与建设单位协商解决。

技术准备是在对工程熟悉的基础上，对分部工程施工方案等的编制准备要求和计划，同时对专业性较强的技术措施作出原则要求。一般应包括施工方案编制计划、计量与检测试验器具配置计划、试验工作计划、样板计划、新技术推广计划、高程引测与建筑物定位、季节性施工技术准备等。

5）主要施工方法：确定各阶段主要分项工程的施工方案，确定施工顺序。

6）主要施工管理措施（质量、进度、安全、消防、保卫、环保、降低成本等）。

7）绿色施工管理措施。

8）施工总平面布置。分基础、结构、装修三个阶段绘制，包括大型机械、临时设施、操作棚及材料和构件的堆放位置等，还包括临时道路、水电设施的安排等。

施工组织总设计的重点是做好施工的整体部署，包括机构设置、分包队伍选定和任务划分、总进度计划控制、施工总平面布置等。

（2）单位工程施工组织设计

针对单位工程编制的施工组织设计。群体工程及小区工程中的单位工程，应在已编制施工组织总设计的基础上，分别编制单位工程施工组织设计。

规模大、工艺复杂的工程及群体工程或分期出图工程，可以按照土方工程（含降水、人工地基、护坡、土方挖运）、基础工程、结构工程、装修工程编制分阶段施工组织设计，用以指导该部分工程的施工生产活动。

单位工程施工组织设计的主要内容包括：编制依据、工程概况及工程特点、施工部署、施工准备、主要施工方法、主要施工管理措施（质量、进度、安全、消防、保卫、环保、降低成本等）、主要经济技术指标、施工平面布置等。以上八个方面的内容与施工组织总设计相近，只是因编制的对象不同，从而各部分内容的着眼点和深度有所不同。例如，群体工程施工组织总设计中的施工部署主要是全场性的总体部署，在施工组织总设计下编制的单位工程施工组织设计则是对某单位工程的施工部署和安排。

（三）施工组织设计的审批管理

1. 工程施工组织设计审批流程

建筑工程项目施工组织设计应由总承包单位技术负责人（总工）进行审批。施工组织设计在履行审批手续后，方可作为正式文件指导项目施工组织。

为确保施工组织设计的可行性，在项目部报送总承包施工单位审批前，项目经理应组织项目部工程、技术、商务、物资、安全等主要部门及主要分包单位进行会审。根据项目部内部会审意见进行修改后形成正式施工组织设计文件。施工组织设计经项目技术负责人和项目经理签字后，方可作为正式施工组织设计报送总承包单位技术管理部门组织公司会审。

总承包单位技术管理部门应组织企业工程技术、质量、安全、机电、商务等主要部门进行会审。会审完成后，报送企业技术负责人审批。

施工组织设计审批流程见图 3-1。

项目部应根据会签或审批意见在规定期限内对施工组织设计进行认真修改（补充）。如项目部不按意见修改或擅自进行大的原则性调整和修改，因方案的擅自修改和调整造成的严重质量隐患和事故、安全隐患和事故、严重的工期延误以及重大的经济损失，由项目部有关责任人承担相应责任。

2. 重新审批

在工程项目实施过程中，施工组织设计发生下列情况之一时，项目部应及时进行修改或补充。项目部应在修改或补充完善后上报企业技术管理部门重新进行审批。

（1）工程设计有重大修改；

（2）有关法律、法规、规范和标准实施、修订和废止；

（3）主要施工方法有重大调整；

（4）主要施工资源配置有重大调整；

（5）施工环境有重大改变。

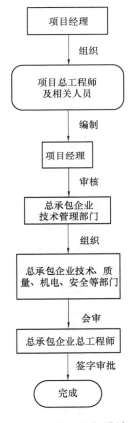

图 3-1　施工组织设计
审批流程图

（四）施工组织设计交底与动态管理

1. 施工组织设计技术交底

在工程项目开工前，项目部总工程师应组织有关技术管理部门、各专业工长依据施工组织设计、工程设计文件、施工合同等资料制定技术交底提纲，对项目部各职能部门和主要施工负责人及分包单位的有关人员进行交底。其主要内容是工程项目的整体战略性安排，一般包括：

(1) 工程项目规模和承包范围及其主要内容；

(2) 工程项目内部施工范围划分；

(3) 工程项目特点和设计意图；

(4) 总平面布置和物资供应；

(5) 主要施工程序、交叉配合和主要施工方案；

(6) 总进度计划和各专业配合要求；

(7) 质量目标和保证措施；

(8) 安全文明施工、职业健康和环境保护的主要目标和保证措施；

(9) 技术和物资供应要求；

(10) 技术检验安排；

(11) 采用的"四新"计划；

(12) 降低成本目标和主要措施；

(13) 施工技术总结内容安排；

(14) 其他施工注意事项。

2. 审批

若为阶段性施工组织设计应在工程施工图纸完善后进行汇总，形成完整的施工组织设计，并上报企业技术管理部门审批。

3. 技术复核

(1) 在施工过程中，项目技术负责人应对施工组织设计的执行情况进行检查、分析并适时调整。为确保施工组织设计的实施力度和有效性，项目技术负责人应对施工组织设计的落实情况定期检查（以周或月为单位），并填写检查结果和整改意见，由整改负责人签认并按意见进行整改，整改后再经检查人复核。

(2) 主要指标完成情况的检查：施工组织设计主要指标的检查一般采用比较法，就是把各项指标的完成情况同计划规定的指标相对比。检查的内容主要包括工程进度、工程质量、材料消耗、机械使用和成本费用，等等。把主要指标数额检查同其他相应的施工内容、施工方法和施工进度的检查结合起来，发现问题，为进一步分析原因提供依据。

(3) 施工总平面图合理性的检查：施工现场必须按施工组织设计的要求建造临时设施，敷设管网和运输道路，合理的存放机具、堆放材料。施工现场要符合文明施工的要求。施工的每个阶段都要有相应的施工总平面图，施工总平面图的改动应通过项目有关部门的批准。如发现施工总平面图存在不合理的地方，应按规定及时调整。

（五）工程施工组织设计编制要点

1. 编制依据

凡是编制施工组织设计所用到的文件、资料、图纸等均应作为编制依据。主要包括以下七项内容。具体编制时可根据工程特点适当增减。

(1) 合同（或协议）

表 3-1

合同（协议）名称	编　号	签订日期

该项内容应填写合同文本的内容，当工程项目未签合同，以协议的形式出现时，亦可填写协议编号和签订日期。

（2）施工图纸

表 3-2

图纸类别	图纸编号	出图日期
建　筑		
结　构		
设　备		
电　气		

该项要求填写各类图纸的目的是使读者判断图纸是否到齐，编制施工组织设计依据是否充分、可靠。

（3）主要规范、规程

表 3-3

类　别	名　称	编　号
国　家		GB
		GBJ
行　业		JGJ
地　方		DBJ

该项内容应注意两个问题：其一，规范名称与编号应准确无误；其二，应包括水、电及设备等专业有关的规范与规程。

（4）主要标准

表 3-4

类　别	名　称	编　号
国　家		GB
行　业		JGJ
地　方		DBJ

该项应包括验收标准和单项材料标准两部分。

（5）主要图集

表 3-5

类　别	名　称	编　号
国　家		
行　业		
地　方		

该项内容应包括水、电、设备等专业有关图集。

（6）主要法规

表 3-6

类　别	名　称	编　号
国　家		
地　方		

该项内容应包括国家法：如建筑法、环境保护法、计量法等。地方法规是工程所在地地方建委颁发的强制执行的技术、管理文件：如有关见证取样、碱骨料反应的技术管理规定，有关安全生产等文件。

（7）其他

因前 6 项内容分类比较细，有些内容无法包括，如地质勘测报告、贯标等管理文件、企业的技术标准，可以在本项描述。

2. 工程概况

工程概况是为了让组织者和决策者了解工程全貌、把握工程特点，以便科学地进行施工部署及选择合理的施工方案。

（1）总体简介

主要介绍拟建工程的工程名称、参建单位、资金来源、工程造价、合同范围、工期、质量目标等。一般按表 3-7 列表表示。

表 3-7

序号	项　目	内　容
1	工程名称	
2	工程地址	
3	建设单位	
4	勘察单位	
5	设计单位	
6	监理单位	
7	质量监督单位	
8	施工总承包单位	
9	施工主要分包单位	
10	资金来源	
11	合同承包范围	
12	结算方式	
13	合同工期	
14	合同质量目标	

（2）工程建设地点特征

主要介绍拟建工程的地理位置、周边环境、地形、地貌、地质、水文地质、气温、季节性时间、主导风向、风力、地震烈度等。

（3）建筑设计概况

根据建筑总说明及具体的建筑施工图纸说明建筑功能、建筑特点、建筑面积、平面尺寸、层数、层高、总高、内外装修等情况。一般按表 3-8 列表表示。

表 3-8

序号	项 目	内 容			
1	建筑功能				
2	建筑特点				
3	建筑面积 （m²）	总建筑面积	占地面积		
		地下建筑面积		地上建筑面积	
		标准层建筑面积			
4	建筑层数	地上		地下	
5	建筑层高 （m）	地下部分层高	地下1层		
			地下 N 层		
		地上部分层高	首层		
			设备层		
			标准层		
			机房水箱间		
6	建筑高度 （m）	绝对标高		室内外高差	
		基底标高		最大基坑深度	
		檐口高度		建筑总高	
7	建筑平面 （m）	横轴编号		纵轴编号	
		横轴距离		纵轴距离	
8	建筑防火				
9	墙面保温				
10	外装修	檐口			
		外墙装修			
		门窗工程			
		屋面工程	不上人屋面		
			上人屋面		
		主入口			
11	内装修	顶棚			
		地面			
		内墙			
		门窗工程	普通门		
			特种门		
		楼梯			
		公用部分			
12	防水工程	地下			
		屋面			
		厨房			
		厕浴间			
		屋面防水等级			

（4）结构设计概况

根据结构总说明及具体的结构施工图纸说明结构设计内容。一般按表 3-9 列表表示。

表 3-9

序号	项　目	内　　容		
1	结构形式	基础结构形式		
		·主体结构形式		
		屋盖结构形式		
2	土质、水位	基底以上土质分层情况		
		地下水位	地下承压水	
			滞水层	
			设防水位	
		地下水质		
3	地基	持力层以下土质类别		
		地基承载力		
		土壤渗透系数		
4	地下防水	混凝土自防水		
		材料防水		
5	混凝土强度等级	部位		
		部位		
		部位		
6	抗震等级	工程设防烈度		
		框架抗震等级		
		剪力墙抗震等级		
7	钢筋类别	非预应力筋及等级		
		预应力筋及张拉方式或类别		
8	钢筋接头形式	冷挤压		
		直螺纹		
		搭接绑扎		
		焊接		
9	结构断面尺寸（mm）	基础底板厚度		
		外墙厚度		
		内墙厚度		
		柱断面尺寸		
		梁断面尺寸		
		楼板厚度		
10	楼梯、坡道结构形式	楼梯结构形式		
		坡道结构形式		

续表

序号	项　目	内　　容	
11	结构转换层	设置位置	
		结构形式	
12	混凝土工程预防碱骨料反应管理类别及有害物质环境质量要求		
13	人防设置等级		
14	建筑沉降观测		
15	构件最大几何尺寸		
16	室外水池、化粪池埋置深度		

（5）专业设计概况

根据专业图纸类别分别列表说明专业设计概况。一般按表 3-10 列表表示。

表 3-10

序号	项　目		设计要求	系统做法	管线类别
1	给水排水系统	上水			
		中水			
		下水			
		热水			
		饮用水			
		消防水			
2	消防系统	消防			
		排烟			
		报警			
		监控			
3	空调通风系统	空调			
		通风			
		冷冻			
4	电力系统	照明			
		动力			
		弱电			
		避雷			
5	设备安装	电梯			
		配电柜			
		水箱			
		污水泵			
		冷却塔			

续表

序号	项　　目		设计要求	系统做法	管线类别
6	通信				
	音响				
	电视电缆				
7	庭院、绿化				
	楼宇清洁				
8	采暖	自供暖			
		集中供暖			
9	防雷				
10	电梯、扶梯				
11	设备最大几何尺寸及重量				

（6）工程典型的平、剖面图

为了让决策者更直观地了解工程特点，可附以下典型平面图及剖面图，有条件时可附三维效果图。

1）地下室平面图。

2）裙房平面图。

3）标准层平面图。

4）典型剖面图。

（7）工程特点、施工难点

根据施工合同、地理条件、现场情况、土质情况、结构和建筑特点、机电设备安装、季节影响等因素确定工程的难点和特点，为施工组织设计的编制提供针对性的依据，应着重描述管理上的难点和技术难点两种类型。

以上七部分可根据工程的复杂程度酌情增加或删减。

3. 施工部署

施工部署是施工组织设计的核心内容，是对整个工程涉及的任务、人力、资源、时间、空间、工艺的总体安排，其目的是通过合理的部署顺利实现各项施工管理目标。

（1）主要经济技术指标

工期目标、质量目标、安全目标、绿色施工目标、消防目标、环保目标、回访及保修。

（2）施工组织机构及岗位职责

介绍项目的施工组织模式，组织机构图和职能分工，明确分工职责，落实施工责任，使各岗位各行其职。在项目的组织结构图中要注明人员名称、职务和职称，以利于了解项目的人员构成情况。

1）项目部施工组织系统图

应按项目部的实际情况，以方框图的形式描述，应注意两点：其一，项目部两个管理跨度的人员分工应明确；其二，每个方框中应明确三项内容，即行政职务、姓名及职称。

2）人员分工及职责。

（3）任务划分

1）总包合同范围

该项是指合同文件中所规定的范围。强调执笔人要看合同，并将这段具有法律效率的文字如实抄录下来。

2）总包单位组织内部专业分包单位的施工项目

3）总包单位组织外部分包单位的施工项目

总包单位把不同的专业任务分包给不同的单位，这是施工组织的设计，选择专业性比较强的外分包队伍，对于工程的施工组织与质量水平有较大的影响，因此要给予足够的重视。

（4）施工部署原则

施工部署是项目经理在工程实施之前，对工程涉及的任务、人力、资源、时间的总体布局的构思。施工部署原则应体现项目经理的指导思想，应体现项目经理用什么样的组织手段和技术手段去完成合同的要求。部署原则是施工组织设计的核心内容，将影响到整个工程的成败与得失，因此，这项内容的形成应在施工组织设计成文之前，由项目经理提出初步意见，然后经过酝酿，反复讨论后，由项目经理作出最后决策。

（5）总体施工顺序及流水段划分

1）总体施工顺序的描述应体现工序逻辑关系原则，要遵循先地下后地上，先结构后维护，先主体后装修，先土建后专业的一般规律。

2）流水段划分的原则

根据工程结构形式、图纸中后浇带位置、结构形式、现场混凝土供应能力、设备的配备、材料投入及劳动力情况，合理划分流水段。说明划分依据、流水方向。要能保证均衡流水施工。施工缝的位置要合理并符合规范要求。避开弯矩和剪力最大处，并要控制地下室外墙一次浇筑的长度，防止由于浇筑过长出现混凝土收缩裂缝。当地下部分与地上部分流水段不一致时，应分开绘制，当水平构件与竖向构件流水段不一致时，亦应注明，并标注所在轴线位置。流水段的划分应绘制流水段划分布置图（地下部分、地上部分）。

（6）施工进度计划

根据施工合同、工程量、投入的资金和劳动力，确定施工进度计划。一般工程画横道图即可，对于技术复杂、规模较大的工程应采用网络计划。通过对各类参数的计算，找出关键线路，选择最佳方案。三大分部工程形象进度控制，大型机械进场退场时间，季节性施工，专业配合与土建施工的关系，做到层次分明、形象直观。分段流水的工程要以网络图表示标准层的各段、各工序的流水关系，并说明各段工序的工程量和塔式起重机吊次计算。施工总进度计划是施工部署在时间上的体现，要贯彻空间占满、时间连续，均衡协调、有节奏，力所能及及留余地的原则。处理好施工机械进退场、设备进场与各专业工序的关系。

土建进度以分层、分段的形式反映，专业进度以专业分系统、分干、支线的形式反映。体现出土建以分层、分段平面展开，竖向分系统配合专业施工，专业工种分系统组织施工，以干线垂直展开，水平方向分层按支线配合土建施工的要点。

装修施工要体现出内外檐施工的顺序。内檐施工体现出房间与过道的施工顺序；体现出顶棚、墙面的施工顺序；地面的施工顺序；房间与卫生间的施工顺序。外檐装修体现出与屋面防水的施工顺序。封施工洞、拆外垂直运输设备体现出与内外檐装修、专业施工的关系。地下室施工体现出与首层内装修的关系。首层装修体现出与门头、台阶、散水的施工关系，体现土建与专业，内檐与外檐，机械退场与装修收尾的配合协调。

1）施工阶段目标控制计划表：在文本中一般按表 3-11 列表表示。

表 3-11

序号	阶段目标	起止日期	所用天数	净占工期
1	总工期			
2	施工阶段			
......				

2）施工总控进度计划表一般以附图形式表示（主要以横道图的形式，有条件可增加网络图）。

（7）组织协调

如何组织日常施工生产，协调各方关系，实现项目部的管理目标。应突出以监理例会为总协调的方式。

工程施工过程是通过业主、设计、监理、总包、分包、供应商等多家合作完成的，如何协调组织各方的工作和管理，是能否实现工期、质量、安全、降低成本的关键之一。因此，为了保证这些目标的实现，必须明确制定何种制度，确保将各方的工作组织协调好。在协调外部各单位关系方面，建立图纸会审和图纸交底制度、监理例会制度、专题讨论会议制度、考察制度、技术文件修改制度、分项工程样板制度、计划考核制度等。在协调项目内部关系方面，建立项目管理例会制、安全和质量例会制、质量安全标准及法规培训制等。

在协调各分承包方关系方面，建立生产例会制等。

（8）主要项目工程量

按照施工图纸计算主要分部、分项工程的工程量，据此划分流水段、配置资源、编制施工进度计划。一般按表 3-12 列表表示。

表 3-12

项　　目			单　位	数　　量	备　　注
土方工程		开挖土方	m³		
		回填土方	m³		
防水工程		地下	m²		注明防水种类和卷材品种
		屋面	m²		
		卫生间	m²		
混凝土工程	地下	防水混凝土	m³		
		普通混凝土	m³		
	地上	普通混凝土	m³		
		高强混凝土	m³		指 C50 以上

续表

项　目		单　位	数　量	备　注
模板工程	地下	m²		
	地上	m²		
钢筋工程	地下	t		
	地上	t		
钢结构工程	地下	t		
	地上	t		
砌体工程	地下	m³		注明砌块种类
	地上	m³		
装修工程	内檐 墙面抹灰	m²		根据工程具体情况，做适当调整
	内檐 地面	m²		
	内檐 吊顶	m²		
	内檐 贴瓷砖	m²		
	内檐 油漆浆活	m²		
	内檐 门窗	m²		
	外檐 幕墙	m²		
	外檐 面砖	m²		
	外檐 涂料	m²		
	外檐 抹灰	m²		

（9）主要材料及设备计划

1）构件、配件、加工品、材料采购的分工

分供方的选择是影响工程质量的重要因素，因此对采购的原则应加以明确。一般按表3-13列表表示。

表 3-13

序号	负责单位	工程物资	进场时间
1	业主自行采购范围		
2	总包采购范围		
3	分承包方采购范围		

2）大型机械选择

是指土方机械、水平与垂直运输机械、其他大型机械。塔式起重机的选择以起重量Q、起重高度H和回转半径R为主要参数，并经吊次、台班费用的比较，选择最优方案。

泵送机械的选择主要考虑地面水平输送距离和泵送高度，一般泵送高度在70～80m时可根据施工单位自有机械或预拌混凝土搅拌站的设备和经验初选设备型号，然后再（混凝土施工方案）进行核算即可。泵送高度在100m以上时，要在确定一次泵送还是接力泵送的前提下，慎重考虑机型。

外用电梯选用的机型、台数、进退场时间要加以说明。

土方设备选择：根据进度计划安排、总的土方量、现场周边情况和挖掘方式确定每天出土的方量。依据出土方量选择挖掘机、运土车的型号和数量。如果有护坡桩还需与护坡桩施工进度和锚杆的施工进度相配合。

塔式起重机选择：根据建筑物高度、结构形式（附墙位置）、现场所采用的模板体系和各种材料的吊运所需的吊次、需要的最大起重量、覆盖范围以及现场周边情况、平面布局形式确定塔式起重机的型号和台数，并要对距塔式起重机最远和所需吊运最重的模板或材料核算塔式起重机在该部位的起重量是否满足。

泵送机械的选择依据流水段划分所确定的每段的混凝土量、建筑物高度和输送距离选择混凝土拖式泵的型号。

外用电梯的选择及使用情况说明。

对于现场施工所需的其他大型设备都应依据实际情况进行计算选择。

大型设备选择一般按表 3-14 列表表示。

以表格形式列出各种大型机械的型号、数量、进场时间、出场时间和计划使用天数，使项目人员对整个项目机械的投入情况有一个清晰的了解。

表 3-14

序号	机械名称	型号	单位	数量	进场时间	出场时间	备注
1	塔式起重机		台				基础阶段
……							

可按表格所示分基础、结构和装修阶段加以说明。

（10）主要劳动力计划及劳动力曲线

工种构成应列表说明，用表格形式表示各工种的月劳动力安排，并计算出单方用工；并用柱状图表示劳动力动态管理状况，以时间为横坐标，人数为纵坐标。一般按表 3-15 列表表示。

表 3-15

工种	1月	2月	3月	4月	5月	6月	7月	……
钢筋工								
木工								
混凝土工								
架子工								
起重工								
瓦工								
抹灰工								
水暖工								
电工								
通风								
力工								
……								
月汇总								

4. 施工准备

施工准备主要包括技术准备和现场准备两部分内容，在施工组织设计里，应列出具体的准备内容，如具备条件，应明确责任人及完成时间，保证准备工作顺利实施。

（1）技术准备

1）一般性准备工作

组织项目部有关人员熟悉图纸，进行图纸会审，发现设计存在的问题。

确定设计交底的时间，并组织设计交底。

准备好本工程所需用主要规程、规范、标准、图集和法规。由技术负责人（项目工程师）组织有关人员学习规程、规范的重要条文，加深对规范的理解。

一般按表 3-16 列表表示。

表 3-16

序号	培训或交底内容	培训或交底计划时间	参加人员	方式	组织单位
1	内部图纸会审		项目全体人员	书面总结	技术部
2	图纸会审交底		甲方、监理和施工单位	书面总结	甲方
……	其他相关规范的学习		施工管理人员	书面总结分析	项目总工

2）计量、测量、检测、试验等器具配置计划

器具配置（以表格形式写明现场计量、测量、检测、试验用的工具、仪表、仪器，备注栏中应注明校准或标定时间）一般按表 3-17 列表表示。

表 3-17

序号	器具名称	型号规格	精确度	制造厂家	购置日期	配备部门	使用人	备注
1	钢卷尺							
2	水表							
3	电表							
4	混凝土振动台							
5	温湿度自控器							
6	架盘天平							
7	干湿温度计							
8	压力试验机							
9	质量检测器							
10	游标卡尺							
11	水准仪							
12	经纬仪							
13	塔尺							
……								

3）技术工作计划

以表格形式注明分项施工方案编制计划和完成时间、试验工作计划、样板间工作

计划。

施工方案编制计划将施工方案定位在分项工程，要以分项工程为分类标准。一般按表3-18 列表表示。

表 3-18

序号	计划名称	责任部门	截止日期	审批单位	备注
1	临建施工方案	项目技术部	××××	上级主管	
2	临电施工方案	项目技术部	××××	企业总工	
3	临水施工方案	项目技术部	××××	项目总工	
4	现场 CI 策划方案	项目技术部	××××	上级主管	
5	降水、土方施工方案	项目技术部	××××	企业总工	是否需要论证
6	垫层施工方案	项目技术部	××××	项目总工	
7	防水施工方案	项目技术部	××××	项目总工	
8	塔式起重机安拆方案	项目技术部	××××	企业总工	
9	钢筋施工方案	项目技术部	××××	项目总工	
10	模板施工方案	项目技术部	××××	企业总工	是否需要论证
11	混凝土施工方案	项目技术部	××××	项目总工	
12	外架方案	项目技术部	××××	企业总工	是否需要论证
13	屋面施工方案	项目技术部	××××	项目总工	
14	初装方案	项目技术部	××××	项目总工	
15	室内装修方案	项目技术部	××××	项目总工	
16	门窗安装方案	项目技术部	××××	项目总工	
17	雨期施工方案	项目技术部	××××	项目总工	
18	冬期施工方案	项目技术部	××××	项目总工	
……	……				

试验工作计划，在编制施工组织设计时，尚无施工预算，分层分段的数量不清楚，因此可先描述试验工作所应遵循的原则，规定另编详细的试验方案，并列入方案编制计划。试验工作计划不但应包括常规取样试验计划，还应该包括见证取样试验计划。一般按表3-19 列表表示。

表 3-19

序号	试验内容	取样批量	试验数量	备　注
1	钢筋原材	≤60t	1组	同一牌号、同一炉罐号、同一规格的钢筋，超过 60t 部分，每增加 40t（或不足 40t 的余数），增加一个拉伸试验试样和一个弯曲试验试样；同一牌号、同一冶炼方法、同一浇注方法的不同炉罐号组成混合批，但各炉罐号含碳量之差不大于 0.02%，含锰量之差不大于 0.15%，混合批的重量不大于 60t

续表

序号	试验内容	取样批量	试验数量	备 注
2	钢筋机械连接（焊接）接头	500 个接头	3 根拉件	相同施工条件下，同一批材料的同等级、同形式、同规格接头 500 个为一验收批，不足 500 个也为一验收批
3	水泥（袋装）	≤200t	1 组	每一取样至少 12kg
4	混凝土试块	一次浇筑量≤1000m³，每 100m³ 为一个取样单位（3 块）； 一次浇筑量＞1000m³，每 200m³ 为一个取样单位（3 块）	同一配合比
5	混凝土抗渗试块	500m³	1 组	同一配合比，每组 6 个试件
6	砌筑砂浆	250m³	6 块	同一配合比
		一个楼层		
7	高聚物改性沥青防水卷材	100 卷以内	2 组尺寸和外观	≤1000 卷做一卷物理性能检验
		100～499 卷	3 组尺寸和外观	
		1000 卷以内	4 组尺寸和外观	
8	土方回填	基槽回填每层取样		每层按≤50m 取一点
……				

样板、样板间计划：一般按表 3-20 列表表示。

表 3-20

序号	样板项目		样板部位	样板施工时间
1	钢筋工程	底板		
		反梁		
		墙、柱		
		梁、板		
2	模板工程	墙、柱		
		梁、板		
3	防水工程	底板		
		外墙		
		卫生间		
		屋面		
4	回填土工程			
5	装修样板间			

样板项侧重结构施工中主要工序的样板；应将分项工程样板的名称、层段、轴线的位置规定的非常具体、明确。

样板间是针对装修施工设置的，这项工作对工程质量预控作用是至关重要的，所以应制定计划，并认真实施。

4）新技术推广计划

该项实质上也是技术工作的内容，为了突出这项工作的重要性，把它单独立项，其目的有两个：目的之一是要充分体现该工程的技术含量，应以建设部颁发的建筑业十项新技术的子项为依据，列表并逐项加以说明。目的之二是通过这项计划的实施，有意识培养专业技术干部对新技术的掌握，通过施工组织设计的手段，将技术干部培养成具有技术特点的专业技术干部。具体做法是把每一项新技术项目，分配给具体的人负责，并要求经过一个工程实践，在规定的时间内，写好该项论文（或技术总结），这样经过几个工程实践，项目部的技术管理素质将会有较大程度提高。一般按表 3-21 列表表示。

表 3-21

序号	新技术项目	应用项目	应用部位	应用数量
1	粗直径钢筋连接技术	直螺纹连接技术	≥HRB335 级 20 钢筋	
……				

按照建设部十项新技术用表格形式表达，要注明应用项目、应用部位、应用数量，对于需要进行总结归纳的项目要列出项目跟踪责任人和施工总结的完成时间。

5）高程引测与定位

注明定位用坐标点的位置和高程，最少应有 2 个控制坐标点。进场后复核建筑物控制桩引入高程控制水准点，并做好控制桩和水准点的测设和保护工作。

（2）现场准备

1）施工水源、电源、热源准备计划

临水设计中应考虑到室外消火栓给水系统、室内消防及生产和生活给水系统以及现场的污水排放系统。临水供水计算生产和生活用水量、消防用水量，二者比较选择大者。因一般工程生产和生活用水量都小于消防用水量，所以应按消防用水量布置管线。

在临电设计中应按照临电负荷表进行现场临电的负荷验算，校核业主方所提供的电量是否能够满足现场施工所需电量，如何合理布置现场临电的系统。并需另编临时用电方案，通过计算确定变压器规格、导线截面，并绘现场用电线路布置图和系统图。施工总平面图中标明管线位置、水管管径、用水、用电位置即可。

临时供热根据现场的生产、生活设施的面积和形式，确定供热方式和供热量，并配管线设计图。

2）生产、生活公共卫生临时设施计划

主要介绍现场的各种临时设施（办公室、工人宿舍、厕所、钢筋加工场、模板加工场、材料堆场、搅拌站、沉淀池、泵防、配电室等）布置位置、面积大小及平面布置的总体考虑。根据工程的规模和施工人数确定并列表注明各类临时设施的面积、用途和做法。规划各类构件、机具、材料存放场地的准备和要求，安排各类临时设施时要注意与场地平整和基坑开挖的关系，明确职工食堂、厕浴间、垃圾堆放场、工人宿舍的卫生、设施标准等。

3）临时围墙及施工道路计划

根据现场情况实际布置道路做法、宽度、排水方向。在临时道路设置和施工上需要考虑到现场既要防止扬尘、满足现场车辆行走的要求，又要便于今后总图的施工，除主要车辆行走道路外，尽量减少混凝土路面的采用，多采用碎石或可周转使用的水泥方砖。

围墙的设置采用可周转使用的压型钢板及钢骨架组合拼接而成围挡，减少临建材料的投入。

4）加工订货计划

依据施工进度计划、现场施工情况和现场的生产条件编制各种材料、半成品、成品和大型设备的进场时间，并参照进场时间和设备厂家的加工周期制定最晚订货时间，以保证现场施工的正常进行。一般按表 3-22 列表表示。

表 3-22

序号	项目名称	规格型号	单位	数量	订货时间	进场时间
1	电气工程					
	配电室低压配电柜		台			
	照明、动力配电箱（柜）		台			
	控制箱（柜）		台			
	桥架、线槽、插接母线		项			
	电缆		项			
	……					
2	给水排水工程					
	消火栓泵		台			
	单栓消火栓箱		台			
	消防水箱		台			
	消防喷淋泵		台			
	……					
3	暖通工程					
	轴流式通风机		台			
	散热器		组			
	新风机组		台			
	……					
4	电梯工程					
	电梯		部			
5	屋面工程					
	聚苯乙烯泡沫保温板		m²			
	屋面防水卷材		m²			
	……					
6	外墙饰面					
	砌筑材料		m³			
	外墙面砖		m²			
	幕墙		m²			
	……					

序号	项目名称	规格型号	单位	数量	订货时间	进场时间
7	一般室内装修					
	门框		个			
	外墙保温材料		m²			
	吊顶材料		m²			
	地面石材、砖		m²			
	门扇		个			
	……					
8	卫生间装修					
	墙、地砖		m²			
	吊顶材料		m²			
	隔断		块			
	台面板		块			
	……					
9	楼梯间					
	地面石材		m²			
	栏杆		m			
	……					

5）对业主的要求

对业主应解决尚未解决的事项提出要求和解决的时间。包括业主需提供建设工程规划许可证、建设用地规划许可证、建设工程开工证等证件，其他有关证件（如：安全、卫生、消防、临建等）按有关规定及时办理、申报和备案。

5. 主要施工方法

（1）主要分部、分项工程施工顺序

按照分部工程来列出分项工程的施工顺序，可以和工艺流程图合并编制。

（2）测量放线

明确轴线控制及标高引测的依据；采用何种测量设备建立平面控制网和高程控制点；引至现场的轴线控制点及标高的具体位置；控制桩的保护要求。放线的步骤控制：1）建筑物定位；2）轴线控制网；3）高程控制网；4）基坑开挖线；5）基础位置线；6）＋50控制线抄测部位和抄测方法。明确测量公司与各分承包方的任务范围；明确楼层内轴线控制点、标高控制点的部位及装修施工后的保护措施；提出发生沉降后的修正办法。

（3）基坑降水、排水

需对地层土质、地下水情况进行说明。包括降水方案选择分析、日排水量的估算和排水管的设计，并估算降水半径和对相邻建筑物的影响，并有防止影响半径内建筑物不均匀沉降的措施。降水深度必须能满足基坑最低点下 500mm 的施工要求（考虑到环保要求，应提出地下水尽可能的再利用措施，并提出土方开挖完成后，防止停电造成泡槽的措施）。

（4）护坡和基础桩（基坑支护）

基坑支护是基坑开挖期间的挡土、护壁，用于保证基坑开挖和地下结构施工期间的安全，并保证在地下施工期间不会对邻近的建筑物、道路、地下管线等造成危害。

选择基坑支护结构应考虑下述因素：

1）基坑的平面尺寸、基础形式、开挖深度和施工要求。

2）各层土的物理和力学性质、地下水水位高度和涌水量等条件。

3）邻近建筑物、构筑物、树木距基坑的距离。

4）大型机械的位置与基坑的关系，车辆行驶路线、载重与基坑的关系。

5）现有材料、设备和施工条件的可能性。

6）工期和造价的优化。

（5）土方工程、钎探、验槽、垫层

选择土方机械和运土车的性能、型号、数量、作业时间和工期，确定挖土方向、坡道留置的位置、每步开挖深度、开挖步数及挖土与护坡、锚杆、工程桩等工序的穿插配合，每步开挖都应根据基坑护坡的工况计算变形情况，确定开挖深度。

明确清槽要求，钎探布点的方式、间距和钎探孔的处理方法，并绘制钎探点布置图，还要考虑季节性施工对基底的要求。

明确验槽后对垫层施工有何要求，垫层的强度等级为多少。垫层如果作为防水基层一次压光，需说明施工方法。垫层如何分区浇筑施工。

（6）防水施工

确定结构自防水混凝土的等级、类型，如目前普遍采用的补偿收缩混凝土，应明确微膨胀剂的类型、掺加数量及对碱骨料反应的技术要求、施工缝的构造形式。

当采用防水砂浆防水层时有哪些技术要求。

当采用卷材时应明确所采用的施工方法（外贴法或内贴法），采用防水卷材的类型、厚度及层数。

当采用涂料防水、塑料防水板、金属防水层时，应明确技术要求。

1）防水设防体系

以表格形式（见表 3-23）列出各部位防水设防的方法，并明确混凝土自防水抗渗等级。

表 3-23

序号	设防部位	设防体系	设防做法
1	底板、外墙		
...			

2）防水施工

需明确防水施工方法、施工时间、施工条件、防水保护层做法和对防水材料、防水施工人员及防水基层的要求。针对不同的防水材料，确定防水的施工工序、施工要点、质量要求及试水要求。明确各部位防水的收头方式和临时防水保护做法，防水接茬的长度。明确变形缝、后浇带、水平施工缝、竖直施工缝、避雷出外墙的做法及管道穿墙处等细部防水的做法。

防水工程在设计图纸中，一般对节点及细部做法的表述都不是很清楚。但这些细部节点的做法正确与否又恰恰是影响防水工程成败的关键。因此，不论是地下室底板防水、厕浴间防水还是屋面防水施工之前，都应该根据地下防水规范或屋面防水规范，对穿墙管、出屋面管道、出屋面基础、落水口、防水收头、防水立面上卷高度、隔离层、滑动层、保温层或保护层分隔缝等做法进行深化设计。

为了保证工程在结构精品的基础上创竣工精品，屋面工程作为一个必须检查的分部工程，在施工之前，必须从方案到实施再到技术资料的收集整理全部经过精心组织和策划。

（7）钢筋工程

1）钢筋品种：主要构件的钢筋设计按表 3-24 列表表示。

表 3-24

构件名称	钢筋规格	截面（mm）	间距
底板			
混凝土墙			
地梁			箍筋
框架柱 KZ			箍筋
框架梁 KL			箍筋
框架连梁 LL			箍筋
暗柱			箍筋

2）钢筋的供货方式、进场检验和原材的堆放

3）钢筋加工

应描述钢筋的加工方式是采用现场加工还是场外加工，应明确加工场的位置、面积及所采用的机械设备的型号与数量。

明确现场钢筋的加工机具，钢筋接头的类别、等级和加工方式。从工艺的角度明确钢筋除锈、调直、切断、弯曲成型所采用的机械设备和加工方法。

钢筋的加工质量是现场绑扎质量的必要条件，因此在钢筋加工场要作出各种类型钢筋的加工样板。

4）钢筋施工

根据构件的受力情况，明确受力筋的方向和位置、钢筋绑扎顺序、水平筋搭接部位、钢筋接头形式、接头位置、箍筋间距、马镫及垫块的要求；图纸中竖向钢筋的生根及绑扎要求；钢筋保护层要求；钢筋的定位和间距控制措施。

应描述不同部位、不同直径的钢筋连接方式（焊接和机械连接）和具体采用的形式（电弧焊、电渣焊、气压焊或冷挤压、锥螺纹、直螺纹、墩粗直螺纹）。

应对基础、柱、墙、梁板部位，防止钢筋位移的方法作明确的描述。应明确墙体、柱、变截面处钢筋处理方法。

明确预留钢筋的留设方法，尤其是围护结构拉结筋。

（8）模板工程

为了使混凝土的外型尺寸、外观质量都达到较高水平，就需对模板的施工技术提出较高要求。同时模板选型、设计是否合理决定了材料投入的多少，直接影响到整个项目效益。

1）模板选型及配置数量

以表格形式列出模板采用的材料：各部位模板材料、支撑系统材料和规格、各种材料的一次投入量、脱模剂种类。

在模板选型上应考虑多采用可周转使用的材料，减少一次性的投入，降低项目的制造成本。

2）模板设计

保证模板具有足够的强度、刚度和稳定性，能可靠的承受新浇混凝土的重量和侧压力。

能够保证工程结构各部分形状尺寸和相对位置正确，构造简单、拆除方便，便于钢筋的绑扎和连接，符合混凝土浇筑和养护的要求。

±0.00 以下底板、墙体、柱、梁板、模板设计按表 3-25 列表表示。

表 3-25

序号	结构部位	模板选型	施工方法	数量（m²）	模板宽度（mm）	模板高度（mm）	备注
1	底板						
2	墙体						
3	柱						
4	梁						
5	板						
6	电梯井						
7	楼梯						
8	门窗洞口						
9	……						

地下部分模板设计可参照表 3-25。"模板选型"可以是组合小钢模、中型组合模板、竹胶板、酚醛覆膜木胶合板、大钢模等。"施工方法"是指组拼大片模或散支散拆，应描述清楚。指出需要计算的重要部位，其计算书可放在模板施工方案中，以附录形式出现。

±0.00 以上墙体、柱、梁板、模板设计按表 3-26 列表表示。

表 3-26

序号	结构部位	模板选型	施工方法	数量（m²）	模板宽度（mm）	模板高度（mm）	备注
1	墙体						
2	柱						
3	梁						
4	板						
5	电梯井						
6	楼梯						
7	阳台						

续表

序号	结构部位	模板选型	施工方法	数量 （m²）	模板宽度 （mm）	模板高度 （mm）	备注
8	风雨间						
9	女儿墙						
10	门窗洞口						

特殊部位的模板设计：

建筑物的屋顶或立面。如有特殊造型的混凝土结构，以及后浇带模板等，这些构件模板设计比较复杂，要在施工组织设计中较好地体现这类模板的宏观决策。

3）模板的加工、制作与验收

应对各类模板加工制作方式（外加工或现场制作）进行描述，当某类构件模板需外加工时应明确制作原则，如是整体式大钢模，还是组拼式？是购置还是租赁？……并明确主要技术要求和主要技术参数。如需要现场制作应明确加工场地、所需设备及加工工艺。

模板验收是检验加工产品是否满足要求的一道重要工序，因此要明确验收的具体方法。

4）模板的安装

明确不同类型模板所选用隔离剂的类型。

确定模板的安装顺序和技术要求。

各构件的施工方法、注意事项和预留支撑点的位置。

墙柱侧模、楼板底模、梁侧模、异型模板、大模板的支顶方法和精度控制；电梯井筒的支撑方法；特殊部位的施工方法（后浇带、变形缝等）。

层高和墙厚变化时模板的处理方法。

模板支撑上、下层支架的立柱对中的控制方法及支拆模板所需的架子和安全防护措施。

确定允许偏差的质量标准。

对所需的预埋件、预留孔洞进行描述。

5）模板的拆除

确定模板及其支架的拆除顺序和技术要求。

确保楼板不因过早拆除模板而出现裂缝的措施。

后浇带模板拆除的时间及技术要求。

6）模板的维护与修理

确定易变形、磨损模板的维修方法，维修人员，需用的设备及维修标准。

（9）混凝土工程

1）混凝土的配合比设计

配合比设计在施工中可能遇到两种情况。第一是预拌混凝土，在这种情况下，施工组织设计中应明确主要技术参数，作为与预拌厂签订合同的依据。第二是现场搅拌，在这种情况下多数是委托本单位或外单位的试验室作试配，而试验单位不一定了解现场搅拌站的设备、计量方式、管理水平，所出具的配合比安全系数较大、R28过高，造成物资资源浪费，增加工程的成本。为了避免上述现象发生，在施工组织设计中应明确提出主要技术参数（原材料、砂率、坍落度……）、外加剂类型和掺合料的种类及有害物质的技术指标要求（见表 3-27）。

表 3-27

构件名称	混凝土强度等级	技术要求	材料选用				
			水泥	砂	石	外加剂	掺合料
基础垫层							
基础底板							
地下室外墙							
……							

2）混凝土拌制（现场拌制、预拌混凝土）

首先要明确选用预拌混凝土还是现场搅拌，如现场拌制，应确定搅拌站的位置、占地面积、搅拌机机型与台数、后台上料的方法、各种原材料储存位置、各种原材料的计量方式、水电源位置及环保措施等。

搅拌站的具体设计应在混凝土施工方案中详细描述。

预拌混凝土搅拌站的选择；对预拌混凝土的技术要求（不同季节的初凝和终凝时间、外加剂的选择及氨味控制、坍落度损失控制及现场处理措施等应为重点）；不同强度等级混凝土的供应方法。

3）混凝土的运输

应明确场外、场内的运输方式；场内的水平运输和垂直运输方式；并对运输工具、时间、道路、季节性施工加以说明。

如果场内使用泵送混凝土，应对泵的位置、泵管的设置和固定措施提出原则性的要求。

4）混凝土的浇筑与振捣

"浇筑"这一工序，应先描述不同部位的构件用什么方式进行。所谓"不同部位的构件"是指基础底板、墙体、独立柱、梁、楼板、后浇带等部位。所谓"方式"是指泵送或者塔吊。然后根据不同部位，说明浇灌的顺序及浇灌的方法（分层或一次浇灌）。明确大体积混凝土的浇筑方向、浇筑方法、浇筑时间；混凝土浇筑高度的控制措施；顶板混凝土标高、厚度和平整度的控制方法；施工缝留置方法和清理；不同强度等级混凝土间浇筑范围的划分；墙体混凝土浇筑方法和浇筑时间；混凝土表面处理方法；后浇带施工要求和施工时间；特别强调对楼板混凝土标高及厚度的控制方法。

当使用泵送混凝土时，应按《混凝土泵送施工技术规程》JGJ/T 10 中有关内容提出原则性的要求，如泵的选型原则、配管原则等。

"振捣"这一工序应明确不同部位、不同构件所使用的振捣设备及振捣的技术要求。

5）混凝土的养护

混凝土的养护对混凝土强度及观感质量影响较大，但有相当多的单位对此工序理解和执行的不力，因此在不同的季节，对不同的构件各采用什么养护方法非常重要，应予以重视。在描述养护方法时，应将水平构件与竖向构件分别描述，对于大体积混凝土必须根据测温情况来调整养护时间和方法。

6）混凝土的冬期施工

明确冬期施工所采用的养护方法。

易引起冻害的薄弱环节应采取的技术措施。

7）混凝土结构的实体验收

《混凝土结构工程施工质量验收规范》GB 50204 中，在结构实体检验一节中，提出"等效养护龄期"的概念。并对结构实体检验用的同条件养护试件作了相应的规定。由于该项内容是质量验收规范新增加的内容，在施工组织设计中应以验收规范为依据，提出具体要求和做法。

（10）钢结构工程

钢结构的制作、运输、堆放、安装、防腐及防火涂料的主要施工方法。

（11）砌体砌筑工程

多孔砖、混凝土小型砌块及填充墙、隔墙砌筑的主要施工方法。

此段应明确本工程填充墙砌体采用砌体材料（砖砌块、空心砌块）的种类、使用部位、砂浆强度、组砌的方法及主要施工工艺要求。如砌筑高度、砂浆使用要求、墙压筋的留置方法，构造柱、圈梁的设置要求等。

（12）架子工程

架子工程应系统描述基础、结构、装修每一个施工阶段所使用的内、外脚手架的类型。

脚手架工程涉及安全施工，应单独编制施工方案，尤其高层和超高层的外架应进行计算，并作为施工方案的组成部分，脚手架在搭设和使用过程中必须考虑以下要求：

1）杆件的强度、刚度和稳定性；脚手架的整体性和稳定性。

2）内外架子的种类、构造要求、卸荷及与结构拉结方式。

3）钢筋绑扎、柱墙混凝土浇筑、外墙施工、电梯井内施工采用的架子形式。

4）架子支搭、拆除的顺序和方法。

5）架子对下部结构的要求。

6）临边防护措施。

根据上述要求按照三个不同阶段明确脚手架的类型。

① 基础阶段：

内脚手架的类型；

外脚手架的类型；

马道的设置位置及类型。

② 结构阶段：

内脚手架的类型；

外脚手架的类型；

马道的设置位置及类型；

上料平台的设置及类型。

③ 装修阶段：

内脚手架的类型；

外脚手架的类型。

（13）屋面工程

明确屋面防水等级和设防要求。

说明屋面防水的类型：卷材、涂膜、刚性等。

采用的施工方法：如卷材屋面的粘贴方法（冷粘、热熔、自粘、卷材热风焊接等）应描述。

质量要求和试水要求要明确。

（14）装修装饰工程

1）地面工程

依据《建筑地面工程施工质量验收规范》GB 50209，明确以下几方面内容：

共采用几种做法及部位；

主要的施工方法及技术要点；

各部位地面的施工时间；

地面的养护及成品保护方法；

环境保护方面有哪些要求。

2）抹灰工程

依据《建筑装饰装修工程质量验收规范》GB 50210，明确以下几方面内容：

共采用几种做法及部位；

主要的施工方法及技术要点；

防止空裂的措施。

3）门窗工程

依据《建筑地面工程施工质量验收规范》GB 50209，明确以下几方面内容：

采用门窗的类型及部位；

主要的施工方法及技术要点；

外门窗三项指标的要求；

对特种门安装的要求。

4）吊顶工程

依据《建筑装饰装修工程质量验收规范》GB 50210，明确以下几方面内容：

采用吊顶的类型及部位；

主要的施工方法及技术要点；

吊顶工程与吊顶内管道和设备安装的工序关系。

5）内隔墙板安装

按照《建筑装饰装修工程质量验收规范》GB 50210 的规定，明确板材隔墙、骨架隔墙、活动隔墙、玻璃隔墙的安装方法及主要工艺要求。

6）饰面板（砖）

依据《建筑装饰装修工程质量验收规范》GB 50210，明确以下几方面内容：

采用饰面板（砖）的种类及部位；

主要施工方法及技术要点。

重点描述外墙饰面板的粘结强度试验，湿作业法防止反碱的方法，抗震缝、伸缩缝、沉降缝的做法。

7）幕墙工程

依据《建筑装饰装修工程质量验收规范》GB 50210，明确以下几方面内容：

采用幕墙的类型及部位；

主要施工方法及技术要点；

主要原材料的性能检测报告。

8）涂饰工程

依据《建筑装饰装修工程质量验收规范》GB 50210，明确以下几方面内容：

采用涂料的类型及部位；

主要施工方法及技术要点；

按设计要求和《民用建筑工程室内环境污染控制规范》GB 50325 的有关规定对室内装修材料进行检验的项目。

9）裱糊与软包工程

依据《建筑装饰装修工程质量验收规范》GB 50210，明确以下几方面内容：

采用裱糊与软包的类型及部位；

主要施工方法及技术要点。

10）细部

依据《建筑装饰装修工程质量验收规范》GB 50210，明确以下几方面内容：

描述橱柜、窗帘盒、窗台板、散热器罩、门窗套、护栏；扶手、花饰的制作与安装要求。

11）厕浴间、卫生间

应明确厕浴间的墙面、地面、顶板的做法，工序安排，施工方法，材料的使用要求及防止渗漏采取的技术措施和管理措施。

（15）机电安装工程

1）主体配合阶段

结构预留洞口的留设方法，套管和埋件的预埋方法、部位，线管暗埋的做法。配合期间机电各工序穿插的时间。

2）电气工程

电气工程工艺流程，防雷接地、电管暗敷设、电管明敷设、金属线槽和桥架安装、穿线、电气器具安装及配电箱（盘）安装等的施工技术要求和施工方法。

3）管道安装工程

管道安装工程工艺流程，给水管道、排水管道、采暖管道、空调水管、喷洒管道、卫生器具、喷洒头、室内消火栓、散热器等安装施工技术要求和施工方法；管道试压冲洗、泄水的施工方法。

4）通风安装工程

通风安装工程工艺流程，风管支吊架安装、风管连接、测漏测试、风机盘管安装、风机安装、风口（散流器）安装、通风空调工程调试等施工技术要求和施工方法。

5）系统联合调试

工程最终的调试是重中之重，关系到工程的最终使用功能，各系统必须单独编制调试方案。

6）电梯安装工程

电梯安装工程工艺流程，电梯主机重量、主机就位方式、井道内安装脚手架搭设、轨道固定方式。

7）室外总图施工

外线各管线、各工种之间的施工程序及道路、庭院、路灯、绿化的施工程序和施工时间。

8）大型设备搬运就位

现场大型设备型号、就位位置、就位所采用的机械和就位方法。

（16）季节性施工措施

1）冬雨期施工部位

2）冬期施工措施

根据冬期的施工部位和施工内容，确定冬期施工应注意的施工要点。

3）雨期施工措施

根据雨期的施工部位和施工内容，确定雨期施工应注意的施工要点。并要成立防汛领导小组，制定防汛计划和紧急预防措施。

6. 主要施工管理措施

（1）保证工期措施

1）建立完善的生产计划保证体系，明确职责与分工。

2）制定分级控制保证计划

根据总控计划编制月控制计划，根据月控制计划编制周计划，周计划根据前 3 天的实际情况，调整后 3 天计划并且制定下周计划，实行 3 日保周、周保月、月保总控计划的管理方式。

3）各级生产计划的落实方式

根据进度计划、工程量和流水段划分合理安排劳动力和投入生产设备，保证按照进度计划的要求完成任务。

4）缩短工期的技术措施

加强操作人员对质量意识的培养，提高施工质量和一次成活率。达到质量标准的一次成活率提高了，也就加快了施工速度，从而可以保证施工进度。

5）组织与协调的方式

加强例会制度，解决矛盾、协调关系，保证按照施工进度计划进行。

（2）保证质量措施

1）建立质量保证体系，认真贯标

认真组织学习执行有关规章制度，对全体员工进行质量意识教育，牢固树立"质量是企业的生命"和"为用户服务"的思想。

按照 ISO 9001：2000 体系运行文件的要求建立质量保证组织体系，设立专职质检员和成品保护管理员岗位，建立岗位责任制，并建立相应的台账，单位的领导要经常检查质量保证体系的运转情况。

要根据专业特点制定本工程的质量管理重点，并成立 QC 小组，经常开展质量分析活动和劳动竞赛活动，做好记录。

2）建立质量制度

建立各种制度以保证工程质量。如质量责任制、三检制、样板制、奖罚制、质量信息反馈制等。

3）以何种方式落实各项制度

物资检验规定，严把材料进场、加工订货关，不合格产品坚决退掉。

过程检验及报验规定，加强三检制，做好验收工作。

不合格分项（工序）处理规定，坚持质量否决制度及质量分析例会，并认真对待实施的结果。

建立工程质量检验评定规定。对施工过程中及成品发现的质量问题应及时检查、及时纠正，并逐级认真实施解决，对反复出现的质量问题应采取有效对策。

落实质量保证资料管理规定，建立工程质量奖罚制度规定。

（3）技术管理措施

1）建立技术管理责任制，明确职责与分工。

2）建立各种制度。如图纸会审制、设计交底制、施工交底制、试验管理及技术资料管理制等。

3）新技术、新材料推广应用与管理工作。

（4）保证安全措施

1）贯彻国家与地方有关法规，建立项目部安全责任制及相关管理办法。

2）与分包方签订安全责任协议书。

3）安全生产教育与培训计划的制定。

4）建立完善的联检制。

5）对特殊工种的管理。

6）对各施工方案需编制安全技术措施的要求。

（5）消防措施

1）贯彻国家与地方有关法规，建立项目部消防责任制。

2）制定有关管理制度。如消防检查制、巡逻制、奖罚制等。

3）签订总分包消防责任协议书。

4）教育与培训计划的制定。

5）其他消防工作的要求。如消火栓设置、暂设生活用房的消防要求等。

（6）降低成本措施

7. 绿色施工管理

实施绿色施工，应进行总体方案优化。在规划（包括施工规划）、设计（包括施工阶段的深化设计）阶段，应充分考虑绿色施工的总体要求，为绿色施工提供基础条件。实施绿色施工，应对施工策划、机械与设备选择、材料采购、现场施工、工程验收等各阶段进行控制，加强对整个施工过程的管理和监督。

主要内容包括：

（1）绿色施工目标

承建单位和项目部分别就环境保护、节材、节水、节能、节地制定绿色施工目标，并将该目标值细化到每个子项和各施工阶段。绿色施工目标的设定需提供设定依据（目标子项的设定可参见中国建筑业协会制定的《全国建筑业绿色施工示范工程成果量化统计表》中的附录四）。

（2）组织机构

项目部成立创建全国建筑业绿色施工示范工程领导小组，公司领导或项目经理作为第一责任人，所属单位相关部门参与，并落实相应的管理职责，实行责任分级负责。

（3）管理制度

建立必要的管理制度，如教育培训制度、检查评估制度、资源消耗统计制度、奖惩制度，并建立相应的书面记录表格。

（4）实施措施

实施措施包括：钢材、木材、水泥等建筑材料的节约措施；提高材料设备重复利用和周转次数、废旧材料的回收再利用措施；生产、生活、办公和大型施工设备的用水用电等资源及能源的控制措施；环境保护如扬尘、噪声、光污染的控制及建筑垃圾的减量化措施等。

（5）技术措施

技术措施包括：采用有利于绿色施工开展的新技术、新工艺、新材料、新设备；采用创新的绿色施工技术及方法；采用工厂化生产的预制混凝土、配送钢筋等构配件；项目为达到方案设计中的节能要求而采取的措施等。

8. 施工总平面图

（1）施工总平面图的基本要求

施工总平面图是内容非常丰富的一张图，应按基础、结构、装修三个阶段分别绘制，水电、暂设图可不单独绘制。

施工总平面图要画详图，不能画示意图，图幅不应小于 A3，应有图框、图签、指北针、图例，要有周围的环境，有比例（比例为 1∶100～1∶500）、有图线（根据图幅与比例的大小确定线宽，拟建建筑物、图框线选用粗线，原有建筑物、各类临建、槽边线和签字栏等选用中粗线，尺寸线选用细线）、有标题栏与签字栏、要注明尺寸和文字（图线不得与文字、数字或符号重叠、混淆，不可避免时应首先保证文字清晰）。

施工总平面图的内容包括：

1）施工现场的范围，拟建建筑物尺寸、层数、±0.00 标高、室外地坪标高，及与地上、地下一切建筑物、构筑物、管线（煤气、水、电）和高压线等的位置关系。

2）水源、电源的位置。变压器容量及供电线路、闸箱位置、供水干管、支管路径、泵房、水嘴、消防栓位置。

3）现场内临时道路的设置与做法。

4）塔式起重机定位。行走塔应注明塔轨中心线与建筑物最突出部分的距离，固定塔从两个方向注明与建筑物某轴线的距离，附塔杆的连接位置。注明塔式起重机的型号及主要技术参数：R（回转半径）、Q（最大起重量）、H（起重高度）。

5）材料、加工半成品、构件和机具堆放及垃圾堆放位置及面积。

6）生产、生活用临时设施用途、面积、位置。

7）安全设施、防火设施、消防立管位置。

8）临建办公室、材料堆放场尺寸标注。

9）建筑红线以外环境应标注清楚。如四周原有建筑物和构筑物使用性质、距离，万伏以上高压线与红线的位置关系。

（2）施工总平面布置图的设计要求

1）布置要紧凑，占地要省。

2）短运距、少搬运，二次运输要减到最低程度。

3）临建工程要在满足需要的前提下，少用资金，要尽量用已有的，多用装配式的，精心计算和设计，最好将线性规划理论应用于平面图设计中。

4）利于生产、生活、安全、消防、市容、卫生、环境保护，符合国家和地方有关规定和法规的要求。

（3）施工总平面图的设计步骤和设计要点

1）一般设计步骤

布置运输道路—确定塔式起重机位置—确定搅拌站、仓库、材料和构件堆放场以及加工厂的位置—布置行政管理、文化、生活福利用的临时设施—布置水电管线及其设施—计算技术经济指标并进行分析。

2）建设项目全现场性施工总平面布置设计要点

① 运输道路的布置：当采用铁路运输时，要考虑转弯半径和坡度，要确定专用线的起点和进场位置。当采用公路运输时，应与加工厂、仓库的位置结合布置，并与场外道路连接。当采用水路运输时，应有两个 2.5m 宽的码头，江河距工地近时，在码头附近布置主要加工厂和仓库。

② 仓库的布置：一般应靠近使用地点，纵向与线路平行，但装卸时间长的要离开路边并沿铁路线布置周转仓库。一般材料库应邻近公路和施工区，水泥库和砂、石场布置在搅拌站附近，砖与构件布置在垂直运输机械附近，易燃物布置在道远人少的安全地带并处于下风向的位置。

③ 混凝土搅拌站和预制加工厂的布置：应尽量减少运输量，当有充足的输送设备时，混凝土搅拌站可集中布置，否则，分散布置在靠近使用地点处。钢筋加工厂设在预制构件厂及主要施工对象附近，木材放置在土建施工区边缘的下风向的位置。产生有害气体的（如淋灰池、沥青锅、石棉加工厂等）应布置在下风向。

④ 场内临时道路布置：尽量利用永久路基。临时道路要连接仓库、加工厂和施工对象，尽量设环形路，按货流量大小定单行还是双行。路面铺设要按有关规定执行，道路施工前要先铺设过路管线。

⑤ 临时行政、生活福利设施的布置：大型工地办公室宜放在现场入口处或中心地区，现场办公室要靠近施工地点。工人宿舍及文化福利用房一般应设在场外，食堂设在生活区。

⑥ 临时水电管线布置：尽量利用已有的和提前修建的永久道路。修建临时设施应注意临时变电站设在高压线进入工地处，避免高压线穿过工地，临时水池或水塔设在用水中心地势较高处。管线沿路布置，供电线路应避免与其他管道设在同一侧，主要供水、供电管线采用环状，孤立点可用枝状。电线（电缆）过路要套以铁管。过冬水管埋在冰冻线以下或进行保温。消火栓间距不大于 120m，距建筑物 5m 以外，25m 以内。

⑦ 仓库面积、工棚面积、临时房屋面积均应经过计算并进行必要的设计后再确定。

3）单位工程平面布置设计要点

单位工程施工空间规划与全现场性空间规划的基本设计要点大体相同。只是前者的范围小些，需要做更细致的考虑。

① 布置井架、门式架等固定式垂直运输设备时，须结合建筑物的平面形状、高度和材料、构件的重量，考虑机械的负荷能力和服务范围综合确定其位置。

② 塔式起重机的布置要结合建筑物的平面形状和四周的场地条件，使材料能直接运至所有使用地点，轨道要按规定设计并排水通畅。

③ 布置履带及轮胎吊车行驶路线时，需考虑建筑物的平面形状、高度和构件的大小、重量、堆放位置、施工顺序和吊装方法。

④ 临时供水，一般 $5000 \sim 10000 m^2$ 的建筑物设 50mm 主管、38mm 支管。

⑤ 变压器设在高压线接入处，远离交通要道口。临时变压器离地不小于 30cm，在 2m 以外设高 1.7m 以上的围栏。

⑥ 施工道路应布置在拟建建筑物周围，一般布置在脚手架外 3m 处为宜，材料堆放场应尽量布置于道路两侧，以利于材料机具的装卸，特别是预制构件及大型机具，同时还应在塔式起重机的回转半径以内。

（4）空间利用的安排

在进行施工总平面布置时，对下列情况需特别注意进行空间利用的规划和安排：

高空施工及消防供水，塔式起重机之间回转范围有交叉，高压线保护，施工范围对公共交通道路有干扰时的防护措施，多层及高层脚手架必要的图示，塔式起重机与建筑物顶端的关系，临时设施的主体示意，泵送混凝土，高耸构筑物的施工立体图，土方开挖及垂直运输，降低地下水位方案主体示意，多栋建筑物之间的立体关系，等等。

四、施工方案

（一）施工方案分类及审批要求

1. 施工方案概念及其分类

施工方案：以分部（分项）工程或专项工程为主要对象编制的施工技术与组织方案，用以具体指导其施工过程。

施工方案是对施工组织设计中的施工方法的深化和延续，是把施工组织设计宏观决策的内容转变成微观层面的内容。施工方案比施工组织设计的内容更为详实、具体，而且具有针对性。施工方案中对施工要求、工艺做法的描述开始定量化，同时图纸内容更多的在方案中得到体现，即图纸的特殊性和规范的一般性的相互融合。比如在浇筑墙体混凝土时，规范要求在墙根部接浆，不能照抄照搬规范，应写为"浇筑与原混凝土内相同成分的减石子砂浆，浇筑厚度为5cm"，这是完整、具体、定量的描述，至于采取什么方法满足浇筑厚度5cm的要求，这是技术交底中要写的内容。

施工方案面向的对象是项目中层管理人员。施工方案原则上由项目技术负责人组织编制。施工方案主要是针对某一分部工程对施工组织设计的具体化，对特定分部工程的实施起指导作用。

施工方案分为三类：

Ⅰ类：超过一定规模的危险性较大工程专项安全施工方案，符合住房和城乡建设部关于《危险性较大的分部分项工程安全管理办法》（建质〔2009〕87号）附件二条件的安全专项施工方案。

Ⅱ类：危险性较大工程专项安全施工方案，符合住房和城乡建设部关于《危险性较大的分部分项工程安全管理办法》（建质〔2009〕87号）附件一条件的安全专项施工方案。

Ⅲ类：一般性专项安全施工方案和专项技术施工方案（含机电专业方案）。

2. 施工方案的编制要求

（1）开工前，项目部应确定所需编制的专项技术施工方案、专项安全施工方案的范围，制定项目主要技术方案计划表，本计划应包含机电工程施工方案。

（2）施工方案的编写要求

1）施工方案在编制前，做到充分的讨论

主要分部分项工程在编制前，应由项目技术负责人组织项目技术、工程、质量、安全、商务、物资等相关部门以及分包相关人召开策划会。在策划会上策划流水段划分、劳动力安排、工程进度、施工方法的选择、质量控制、绿色施工措施等内容，并在会上达成一致意见。这样才能保证方案的编制不流于形式，且具有很好的实施性和指导性。

2）施工方法选择要合理

同时具有先进性、可行性、安全性、经济性才是最好的施工方法，因此需要对工程实际条件、技术实力和管控水平进行综合权衡。只要能满足施工目标要求、适应施工单位施工水平、经济能力能承受的方法就是合理的方法。

3）施工工艺

施工方案中切忌照抄施工工艺标准，目前我们参考的施工工艺标准具有共性和普遍性，没有针对性。编制方案时应针对工程的实际特点，制定针对性的施工工艺，才能有效的指导施工。

4）施工方案编写人要求

施工方案编写由项目技术负责人主持，项目技术部或有资格的责任工程师编制，项目部相关人员共同参与完成。

临电施工组织设计由项目部的电气专业责任工程师编制。

建筑工程实行施工总承包的，专项方案应当由施工总承包单位组织编制。其中，起重机械安装拆卸工程、深基坑工程、附着式升降脚手架等专业工程实行分包的，其专项方案可由专业承包单位组织编制。

5）凡符合住房和城乡建设部关于《危险性较大的分部分项工程安全管理办法》（建质［2009］87号）规定的必须编制安全专项施工方案，符合论证条件的必须按要求进行专家论证。

3. 施工方案的编制内容

（1）编制依据

编制依据是施工方案编制时所依据的条件及准则，一般包括施工组织设计、现场施工条件、图纸、技术标准、政策文件等内容。

（2）工程概况

施工方案的工程概况不是介绍整个工程的概况，而是针对本分部（分项）工程内容进行介绍。分部分项工程施工方案的主要内容包括分部分项工程内容和主要参数、施工条件、目标、特点及重难点分析等。

（3）施工安排

施工安排主要明确组织机构及职责、施工部位及施工流水组织、工期安排和劳动力组织等内容。

组织机构及职责：

根据施工组织设计确定的组织机构及分部分项工程所涉及的内容进一步细化分工和职责。组织机构应细化到分包管理层，并明确姓名及职责分工。

施工部位及施工流水组织：

应明确分部分项工程中包含哪些施工部位。明确分包队伍的任务划分、施工区域的划分、流水段划分及施工顺序。

工期安排：

明确该分部分项工程的起始时间，并将该部分工期在施工组织设计的总控计划下，结合施工流水段划分和资源配置进行细化。

劳动力组织：

确定工程用工量并编制专业工种劳动力计划表。

（4）施工准备

主要包括现场准备、技术准备、机具准备、材料准备、试验检验和资金准备。

（5）主要施工方法

施工方法是施工方案的核心，合理的方法是确保分部分项工程顺利施工的关键。施工方法的选择要符合法律法规和技术规范的要求，做到科学、先进、可行、经济。应对施工工艺流程和施工要点进行描述。对施工难度大、技术含量高的工序应作重点描述，并对季节性施工提出具体要求。

（6）质量要求

明确质量标准和质量控制措施，并应包含成品保护措施。

（7）其他要求

明确安全、消防、绿色施工等施工措施。

4. 施工方案的审核、会审及审批要求

施工方案依据其重要程度分为总承包单位审批和项目部审批。Ⅰ、Ⅱ类施工方案需要总承包单位审批，审批流程见图 4-1。Ⅲ类施工方案项目部审批即可，（根据总承包单位的要求，也可由总承包单位技术负责人审批）审批流程见图 4-2。其中Ⅰ类方案为超过一定规模的分部分项安全专项施工方案，必须按照要求进行专家论证后方可实施。

对于起重机械安装拆卸工程、深基坑工程、附着式升降脚手架工程等由专业公司分包的专业工程，其施工方案由专业公司编制，由专业公司技术负责人审批。对于专业公司编制的安全专项方案，施工总承包单位技术管理部门应组织总部相关职能部门进行会审，企业技术负责人审定签字。对于专业公司编制的一般技术方案，由施工总承包方项目部技术负责人进行审批。

需要执行公司审批手续的常见方案主要有：基坑支护、降水工程、土方工程、模板工程及支撑体系、高大支模及满堂脚手架工程（超 5m 未超 8m）、塔吊安拆及群塔作业、外用电梯安拆工程、脚手架工程、卸料平台及移动操作平台工程、吊篮工程、拆除、爆破工程、预应力工程、钢结构工程（制作、运输、安装、涂装）、幕墙工程、人工挖孔桩工程、地下暗挖工程、其他危险性较大的分部分项工程。

（二）安全专项施工方案

为加强对危险性较大的分部分项工程安全管理，明确安全专项施工方案编制内容，规范专家论证程序，确保安全专项施工方案实施，积极防范和遏制建筑施工生产安全事故的发生，住建部于 2009 年制定了《危险性较大的分部分项工程安全管理办法》（建质〔2009〕87 号）。

1. 危险性较大的分部分项工程

（1）危险性较大的分部分项工程是指建筑工程在施工过程中存在的、可能导致作业人员群死群伤或造成重大不良社会影响的分部分项工程。

施工总承包单位应当在危险性较大的分部分项工程施工前编制安全专项施工方案。

（2）危险性较大的分部分项工程主要包括：

1）基坑支护、降水工程

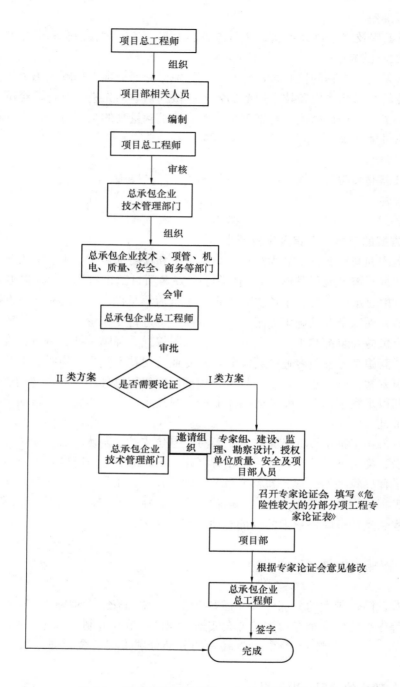

图 4-1　Ⅰ-Ⅱ类安全专项施工方案审批流程图

开挖深度超过 3m（含 3m）或虽未超过 3m 但地质条件和周边环境复杂的基坑（槽）支护、降水工程。

2）土方开挖工程

开挖深度超过 3m（含 3m）的基坑（槽）的土方开挖工程。

3）模板工程及支撑体系

①各类工具式模板工程：包括大模板、滑模、爬模、飞模等工程。

②混凝土模板支撑工程：搭设高度 5m 及以上；搭设跨度 10m 及以上；施工总荷载 $10kN/m^2$ 及以上；集中线荷载 $15kN/m^2$ 及以上；高度大于支撑水平投影宽度且相对独立无联系构件的混凝土模板支撑工程。

③承重支撑体系：用于钢结构安装等满堂支撑体系。

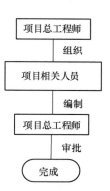

图 4-2　Ⅲ类施工
方案审批
流程图

4）起重吊装及安装拆卸工程

①采用非常规起重设备、方法，且单件起吊重量在 10kN 及以上的起重吊装工程。

②采用起重机械进行安装的工程。

③起重机械设备自身的安装、拆卸。

5）脚手架工程

①搭设高度 24m 及以上的落地式钢管脚手架工程。

②附着式整体和分片提升脚手架工程。

③悬挑式脚手架工程。

④吊篮脚手架工程。

⑤自制卸料平台、移动操作平台工程。

⑥新型及异型脚手架工程。

6）拆除、爆破工程

①建筑物、构筑物拆除工程。

②采用爆破拆除的工程。

7）其他

①建筑幕墙安装工程。

②钢结构、网架和索膜结构安装工程。

③人工挖扩孔桩工程。

④地下暗挖、顶管及水下作业工程。

⑤预应力工程。

⑥采用新技术、新工艺、新材料、新设备及尚无相关技术标准的危险性较大的分部分项工程。

2. 超过一定规模的危险性较大的分部分项工程

（1）对于超过一定规模的危险性较大的分部分项工程，施工总承包单位应当组织专家对安全专项施工方案进行论证。

（2）超过一定规模的危险性较大的分部分项工程主要包括：

1）深基坑工程

①开挖深度超过 5m（含 5m）的基坑（槽）的土方开挖、支护、降水工程。

②开挖深度虽未超过 5m，但地质条件、周围环境和地下管线复杂，或影响毗邻建筑

（构筑）物安全的基坑（槽）的土方开挖、支护、降水工程。

2）模板工程及支撑体系

①工具式模板工程：包括滑模、爬模、飞模工程。

②混凝土模板支撑工程：搭设高度 8m 及以上，搭设跨度 18m 及以上；施工总荷载 15kN/m² 及以上；集中线荷载 20kN/m² 及以上。

③承重支撑体系：用于钢结构安装等满堂支撑体系，承受单点集中荷载 700kg 以上。

3）起重吊装及安装拆卸工程

①采用非常规起重设备、方法，且单件起吊重量在 100kN 及以上的起重吊装工程。

②起重量 300kN 及以上的起重设备安装工程；高度 200m 及以上内爬起重设备的拆除工程。

4）脚手架工程

①搭设高度 50m 及以上落地式钢管脚手架工程。

②提升高度 150m 及以上附着式整体和分片提升脚手架工程。

③架体高度 20m 及以上悬挑式脚手架工程。

5）拆除、爆破工程

①采用爆破拆除的工程。

②码头、桥梁、高架、烟囱、水塔或拆除中容易引起有毒有害气（液）体或粉尘扩散、易燃易爆事故发生的特殊建、构筑物的拆除工程。

③可能影响行人、交通、电力设施、通信设施或其他建、构筑物安全的拆除工程。

④文物保护建筑、优秀历史建筑或历史文化风貌区控制范围的拆除工程。

6）其他

①施工高度 50m 及以上的建筑幕墙安装工程。

②跨度 36m 及以上的钢结构安装工程；跨度 60m 及以上的网架和索膜结构安装工程。

③开挖深度超过 16m 的人工挖孔桩工程。

④地下暗挖工程、顶管工程、水下作业工程。

⑤采用新技术、新工艺、新材料、新设备及尚无相关技术标准的危险性较大的分部分项工程。

3. 安全专项施工方案主要内容

安全专项施工方案应当包括以下主要内容：

（1）工程概况：危险性较大的分部分项工程概况、施工平面布置、施工要求和技术保证条件。

（2）编制依据：相关法律、法规、规范性文件、标准、规范及图纸（国标图集）、施工组织设计等。

（3）施工计划：包括施工进度计划、材料与设备计划。

（4）施工工艺技术：技术参数、工艺流程、施工方法、检查验收等。

（5）施工安全保证措施：组织保障、技术措施、应急预案、监测监控等。

（6）劳动力计划：专职安全生产管理人员、特种作业人员等。

（7）计算书及相关图纸。

（三）施工方案的过程管理

1. 方案交底

（1）施工方案技术交底要求

施工方案在完成审批手续后，专项工程实施前，应由编制人员或项目技术负责人向现场管理人员和作业人员进行技术交底。

施工方案交底必须履行交接签字手续，形成书面技术交底记录。施工方案交底可以以书面形式或视频、语音课件、PPT 文件、样板观摩等方式进行。

施工方案技术交底一般由项目技术负责人主持，项目技术负责人或方案编制人向责任工程师进行交底，项目工程部、质量人员、安全人员参加，分承包方相关负责人及班组长参加。

施工方案调整并重新审批后，应重新组织交底。

（2）施工方案交底内容

1）施工项目的内容和工程量。

2）施工图纸解释（包括设计变更和设备材料代用情况及要求）。

3）质量标准和特殊要求；保证质量的措施；检验、试验和质量检查验收评定依据。

4）施工步骤、操作方法和采用新技术的操作要领。

5）安全文明施工保证措施，职业健康和环境保护的保证措施。

6）技术和物资供应情况。

7）施工工期的要求和实现工期的措施。

8）施工记录的内容和要求。

9）降低成本措施。

10）其他施工注意事项。

2. 技术复核

在施工过程中，项目技术部应对施工方案的执行情况进行检查、分析并适时调整。为确保施工方案的实施力度和有效性，项目部技术负责人应对施工方案的落实情况定期检查（以周或月为单位），并填写检查结果和整改意见，由整改负责人签认并按意见进行整改，整改后再经检查人复核。

（四）模板工程施工方案编制要点

模板工程施工方案编制和审批以前，应作经济对比分析。提倡项目使用新型模板体系，进而提升安全、质量和盈利水平。

1. 编制依据（设计图纸，该工程施工组织设计，有关规范、规程、图集、法规、质量验收标准等，有关的脚手架、扣件等的安全标准也应归纳在内，见表 4-1）。

2. 工程概况（包括与模板有关的概况，附地下、地上部分结构平面图）

（1）设计概况（见表 4-2）

模板工程施工方案编制依据 表 4-1

序号	名　称	编　号
1	图纸	
2	施工组织设计	
3	有关规程、规范	
4	有关法规	
5	有关图集	
6	有关标准	
7	其他	
8		
9		
10		

设计概况 表 4-2

序号	项目	内容			
1	建筑面积（m²）	总建筑面积		地下每层面积	
		占地面积		标准层面积	
2	层数	地下		地上	
3	层高（m）	B1		B3	
		B2		B4	
		非标层		标准层	
4	结构形式	基础类型			
		结构类型			
5	地下防水	结构自防水			
		材料防水			
		构造防水			
6	结构断面尺寸（mm）	基础底板厚度			
		外墙厚度			
		内墙厚度			
		柱断面			
		梁断面			
		楼板			
7	楼梯结构形式				
8	坡道结构形式				
9	结构转换层	设置位置			
		结构形式			
10	施工缝设置				
11	钢筋类型	预应力			
		非预应力			
12	水电设备情况				
13	其他				

（2）现场情况

绘模板加工区及模板存放区平面布置详图。

（3）设计图

地下部分结构平面图（1张）。

地上部分结构平面图（1张）。

（4）工程难点（还要包括相应的应对措施）

1）管理方面难点（施工组织难点、现场管理难点等）。

2）技术方面难点（例如：地下室外墙单侧支模，外檐造型复杂，错层、楼板厚薄不同对标高的控制等）。

3. 施工安排

（1）施工部位及工期要求（见表4-3）。

施工部位及工期要求　　　　　　　　　表 4-3

时间 部位	开始时间			结束时间			备注
	年	月	日	年	月	日	
基础底板							
±0.00以下							
±0.00以上							
顶层及风雨间							

（2）劳动组织及职责分工（应有劳务队伍及主要人员姓名）

1）管理层（工长）负责人。

2）劳务层负责人。

3）工人数量及分工。

4. 施工准备

（1）技术准备

1）熟悉审查图纸，学习有关规范、规程。

2）拟采用新型模板体系的资料搜集。

（2）机具准备

列表说明现场施工使用机具的型号、数量、功率和进场日期。

（3）材料准备（明确材料的标准和进厂验收要求）

列表说明需要的材料名称、规格、数量和进场时间。

5. 主要施工方法

（1）流水段的划分（标准层及非标层分别表示）

±0.00以下，水平构件与竖向构件分段不一致时应分别表示。

±0.00以上，水平构件与竖向构件分段不一致时应分别表示。

（2）楼板模板及支撑配置层数（应包括模板、背楞、支撑等的配置数量与具体的配置尺寸）。

（3）隔离剂的选用及使用注意事项。

（4）模板设计（包括模板的周转次数）

分底板、导墙、内外墙体、柱子、顶板梁、核心筒、门窗洞口、阴阳角、楼梯、阳台栏板以及特殊部位（如屋顶造型节点、附墙柱节点、梁柱节点等）进行模板设计。内容包括模板类型、支模方法、穿墙螺杆、支撑、操作架等，并绘制节点图（应为安装图，不允许绘制示意图）。

1）±0.00 以下模板设计

底板模板设计：类型、方法、节点图。

墙体模板设计：类型、方法、配板图、主要节点图。

柱子模板设计：类型、方法、节点图、安装图。

梁、板模板设计：类型、方法、节点图、安装图。

模板设计计算书（作附录，除常规梁板模板、墙体模板和柱子模板设计计算外，对于超大截面柱、转换梁和超过 200mm 厚的楼板等超大截面构件应有完整计算，同时对于超高梁板支撑应有完整计算）。

2）±0.00 以上模板设计

墙体模板设计：类型、方法、主要参数、配板图、重要节点图。

柱子模板设计：类型、方法、节点图、安装图。

梁、板模板设计：类型、方法、节点图。

门窗洞口模板设计：类型、方法、节点图。

模板设计计算书（作附录，除常规梁板模板、墙体模板和柱子模板设计计算外，对于超大截面柱、转换梁和超过 200mm 厚的楼板等超大截面构件应有完整计算，同时对于超高梁板支撑应有完整计算）。

3）楼梯模板设计：类型、方法、节点图。

4）阳台及栏板模板设计：类型、方法、节点图。

5）特殊部位的模板设计（由平面或立面特殊造型引起的）。

（5）模板的现场制作与外加工

1）对制作与加工的要求：主要技术参数及质量标准。

2）对制作与加工的管理和验收的具体要求。

（6）模板的存放

1）存放的位置及对场地地面的要求。

2）一般技术与管理的注意事项。

（7）模板的安装

1）一般要求。

2）±0.00 以下模板安装：

底板模板的安装顺序及技术要点。

墙、柱模板的安装顺序及技术要点。

梁、板模板的安装顺序及技术要点。

3）±0.00 以上模板安装：

墙、柱模板的安装顺序及技术要点。

梁、板模板的安装顺序及技术要点。

（8）模板拆除（模板拆除要结合工程实际情况，依据规范要求进行，不能照搬规范，应具有可操作性。模板拆除应分墙体、柱子、顶板、梁、后浇带、预应力构件等部位分别进行拆除要求。模板拆除时要有保护操作者及保护模板的安全措施）。

1）拆除的顺序。

2）侧模拆除的要求（拆模时所需混凝土强度）。

3）底模拆除的要求（拆模时所需混凝土强度）。

4）当施工荷载所产生的效应比使用荷载更为不利时，所采用的措施。

5）后浇带模板的拆除时间及要求。

6）预应力构件模板的拆除时间及要求。

（9）模板的维护与修理

1）各类型模板在施工过程中注意事项。

2）多层板（木胶合板）、竹胶合板的维修。

3）大钢模及其角模的维修。

6. 质量要求及管理措施

（1）质量要求及验收

1）允许偏差和检验方法。

2）验收方法。

（2）模板施工质量通病防治及保证措施

模板工程中易出现的质量通病为：

1）梁柱节点变形；

2）模板拼缝不严产生漏浆；

3）模板拼缝处不平，使混凝土工程出现错台；

4）模板清理不干净或隔离剂涂刷不均匀，或使用的隔离剂不当产生粘模；

5）模板里面的杂物清理不干净产生混凝土夹杂物；

6）竖向模板下口堵缝不严使柱根、墙根产生烂根；

7）对墙体阴角模板固定不牢，造成结构阴角胀模或跑模；

8）冬期施工模板保温不好产生混凝土受冻；

9）门窗洞口模板或预留洞口模板变形导致洞口不方正；

10）单侧支模时，模板易上浮产生跑模；

11）拆除后浇带模板时，不注意对后浇带进行支顶，使结构产生裂缝；

12）悬挑模板拆除时，不注意正确的支顶，使结构产生裂缝；

13）拆除模板时，不及时清运，集中堆放在楼板上造成过大的施工荷载，使楼板产生裂缝；

14）拆除模板的方法不当使模板损坏严重，并对模板造成冲击荷载；

15）不注意对模板的维护、维修和保养，不仅影响工程质量，还降低了模板的周转次数。

（3）成品保护措施

7. 安全文明施工、消防、绿色施工措施

（1）安全文明施工注意事项

（2）消防环保措施

8. 附录：计算书

（五）钢筋工程施工方案编制要点

1. 编制依据（设计图纸，该工程施工组织设计，有关规范、规程、图集、法规、质量验收标准、管理手册等，见表4-4。）

钢筋工程施工方案编制依据   表4-4

序号	名称	编号
1	图纸	
2	施工组织设计	
3	有关规程、规范	
4	有关标准	
5	有关图集	
6	有关法规	
7	其他	
8		
9		

2. 工程概况（包括与钢筋有关的概况，附地下、地上部分结构平面图）

（1）设计概况（见表4-5）

设计概况   表4-5

序号	项目	内容			
1	建筑面积 （m²）	总建筑面积		地下每层面积	
		占地面积		标准层面积	
2	层数	地下		地上	
3	层高 （m）	B1		B3	
		B2		B4	
		非标层		标准层	
4	结构形式	基础类型			
		结构类型			
5	楼梯结构形式				
6	转换层位置	梁断面			
		柱断面			
7	钢筋	非预应力筋			
		预应力筋类别及张拉方式			
8	钢筋接头形式				

续表

序号	项目	内　容			
9	构件名称	钢筋规格	截面尺寸 （mm）	混凝土强度等级	抗震等级
	底板				
	地下混凝土墙				
	地上混凝土墙				
	框架柱				
	暗柱				
	框架梁				
	次梁				
	楼板				
	…				
	其他				

（2）现场情况

说明施工现场的布置情况，绘制钢筋加工区及成品钢筋堆放区的平面布置图。

（3）工程难点（还要包括相应的应对措施）

1）管理方面难点（施工组织难点、现场管理难点等）。

2）技术方面难点（例如：厚底板及电梯井、集水坑处马镫设计，多梁柱头处钢筋排布，劲性结构钢筋与钢构件节点处理等）。

3. 施工安排

（1）施工部位及工期要求（见表4-6）

施工部位及工期要求　　　　　　　　　表4-6

时间 部位	开始时间			结束时间			备注
	年	月	日	年	月	日	
基础底板							
±0.00以下							
±0.00以上							
顶层及风雨间							

（2）劳动力组织及职责分工（应有劳务队伍及主要人员姓名）

1）管理层（工长）负责人。

2）劳务层负责人。

3）工人数量及分工。

4. 施工准备

（1）技术准备

1）熟悉审查图纸，学习有关规范、规程，做到图纸上的问题提前与设计联系解决，及时进行配筋。

2）拟采用新型钢筋、粗钢筋接头和新型加工设备的资料搜集。

（2）机具准备

列表说明现场钢筋加工与绑扎过程中使用的机具型号、数量和功率等。

（3）材料准备（明确材料的标准和进厂验收要求）

列表说明需要的材料名称、规格、数量和进场时间。

5. 主要施工方法及措施

（1）流水段的划分（标准层及非标层分别表示）

±0.00 以下，当水平构件与竖向构件分段不一致时也应分别表示。

±0.00 以上，当水平构件与竖向构件分段不一致时也应分别表示。

（2）钢筋原材料（主要指钢筋原材料的供货方式、进场检验和原材料的运输与堆放等）

（3）钢筋配料加工

需绘钢筋加工厂平面布置详图，同时应明确钢筋切断、加工成型等的具体要求，明确受力筋保护层以及钢筋锚固和搭接要求，以保证成型钢筋的准确性。按不同抗震等级、不同混凝土强度等级列出钢筋锚固（根据《混凝土结构设计规范》GB 50010 公式 9.3.1-1）和搭接长度（根据《混凝土结构工程施工质量验收规范》GB 50204 计算表。

例：某工程二级抗震钢筋锚固长度和搭接长度，见表 4-7；非抗震钢筋锚固长度和搭接长度见表 4-8。

纵向受拉钢筋锚固长度和搭接长度   表 4-7

抗震等级	混凝土强度等级	钢筋级别	钢筋直径 d（mm）	锚固长度（mm）		搭接长度（mm）	
二级	C30	HRB335	14	34d	476	47.6d	666.4
			16		544		761.6
			18		612		856.8
			20		680		952
			22		748		1047.2
			25		850		1190
	C35	HRB235	10	25d	250	35d	350
			12		300		420
			18	31d	558	43.4d	781.2
			20		620		868
			22		682		954.8
			25		775		1085
			28	34d	952	47.6d	1332.8
	C40	HRB335	18	29d	522	40.6d	730.8
			20		580		812
			22		638		893.2
			25		725		1015
			28	32d	896	44.8d	1254.4

纵向受拉钢筋锚固长度和搭接长度 表 4-8

抗震等级	混凝土强度等级	钢筋级别	钢筋直径 d（mm）	锚固长度（mm）		搭接长度（mm）	
非抗震	C30	HRB400	6	36d	250	50.4d	350
			8		288		403.2
			10		360		504
		HRB335	6.5	30d	250	42d	350
	C35	HRB235	6.5	22d	250	30.8d	350
			8		250		350
		HRB400	10	33d	330	46.2d	462
		HRB335	10	27d	270	37.8d	378
			12		324		453.6
			14		378		529.2
			16		432		604.8
			18		486		680.4

注：1. 墙体钢筋接头按 50% 错开，梁、板钢筋接头按 50% 错开。搭接长度按相互搭接的较小钢筋直径计算；

2. 当带肋钢筋的直径大于 25mm 时，其锚固长度与最小搭接长度应按表内相应数值乘以 1.1 的修正系数；

3. 当钢筋在混凝土施工中易受扰动（如滑模施工）时，其锚固长度与最小搭接长度应乘以修正系数 1.1；

4. 受压钢筋搭接为上表相应数值乘以系数 0.7。在任何情况下，其搭接长度不应小于 200mm；

5. HRB235 级钢筋为受拉时，其末端应做成 180° 弯钩，弯钩平直段长度不应小于 3d。在任何情况下，钢筋的锚固长度不应小于 250mm。

1）钢筋除锈的方法及设备（冷拉调直、电动除锈机、手工法、喷砂法）。

2）钢筋调直的方法及设备（调直机、数控调直机、卷扬机）。

3）钢筋切断的方法及设备（切断机、无齿锯）。

4）钢筋弯曲成型的方法及设备（箍筋 135° 弯曲成型的方式及技术要求）。

（4）钢筋连接

主要包括钢筋的连接方式（主要明确采用机械连接还是焊接）、接头位置、接头质量控制等。

1）直螺纹连接后应检查外露丝扣，合格后做好标识。

2）钢筋接头绑扎时应错开机械连接的套筒位置。

3）钢筋焊接参数的确定：焊接电流、焊接电压、焊接时间。

4）机械接头或焊接接头现场取样后应采用绑条搭接焊补强。

5）钢筋接头外观检查内容：质量检验的取样数量，拉伸试验的要求和缺陷及预防措施。

（5）钢筋的绑扎

分底板、基础、墙、柱、梁、板、后浇带等部位对钢筋绑扎及安装进行具体要求，主要针对受力筋的方向和位置、钢筋绑扎顺序、水平筋搭接部位、箍筋间距、马凳及垫块的要求、钢筋的定位和间距控制措施和钢筋的混凝土保护层控制措施。钢筋安装的外观质量要做到横平竖直、间距均匀一致。

1）一般要求

2）绑扎接头的技术要求

3）保证保护层厚度的措施

保证底板保护层厚度的具体措施；保证墙、柱保护层厚度的具体措施；保证梁、板保护层厚度的具体措施；保证施工缝保护层厚度的具体措施；节点构造和抗震做法。

受力筋保护层厚度
表 4-9

序号	构件类别	保护层厚度（mm）
1		
2		
3		
4		
…		

（6）预应力钢筋（详见专项方案）

1）预应力筋制作的一般要求。

2）预应力筋锚具的类型。

3）张拉控制应力的确定。

4）先张法（后张法）的一般要求。

5）无粘结预应力。

6. 质量要求及管理措施

主要指钢筋的允许偏差及质量要求，按照国家标准《建筑工程施工质量验收统一标准》的要求进行，注明检查、检验的工具和检验方法等，包括进场钢筋质量标准及验收、钢筋加工的质量要求和现场钢筋绑扎安装质量要求。

（1）允许偏差和检查方法

（2）验收方法

（3）质量通病的防治

钢筋工程中易出现的质量通病为：

1）钢筋定位不准确；

2）钢筋保护层不均匀；

3）钢筋被污染；

4）钢筋接头错开长度或接头位置不符合规范要求；

5）箍筋端头弯钩不准确（不足 $135°$），平直段长度不足 $10d$。

（4）质量保证措施

（5）成品保护措施

1）墙柱竖筋在浇筑混凝土前应套好塑料管保护或用彩条布、塑料条包裹严密，并且在混凝土浇筑时，及时用布或棉丝沾水将被污染的钢筋擦净。

2）顶板混凝土浇筑前，应搭设操作马道，严格控制负弯矩筋被踩下。

7. 安全文明施工、消防、绿色施工措施

（1）安全文明施工保证体系

（2）安全文明施工注意事项

（3）消防环保措施

（六）混凝土工程施工方案编制要点

混凝土工程施工方案编制和审批以前，应对周边商品混凝土搅拌站进行考察，明确搅拌站选用技术标准，并对搅拌站进行技术交底。

1. 编制依据（设计图纸，该工程施工组织设计，规范、规程、图集、法规、质量验收标准、管理手册等，有关的安全规范、标准也应归纳在内，见表4-10。）

混凝土工程施工方案编制依据　　　　　表 4-10

序　号	名　　称	编　号
1	图纸	
2	施工组织设计	
3	有关规程、规范	
4	有关标准	
5	有关图集	
6	有关法规	
7	其他	
8		
9		

2. 工程概况

包括与混凝土有关的设计概况、工程概况、混凝土强度等级、流水段的划分（应附流水段的划分图，分地下、地上、非标准层、标准层）、质量目标等，应突出该分项工程的难点（包括现场难点、技术难点）。

（1）设计概况（见表4-11）

设　计　概　况　　　　　表 4-11

序号	项　目	内　容			
1	建筑面积 （m²）	总建筑面积		地下每层面积	
		占地面积		标准层面积	
2	层数	地下		地上	
3	层高 （m）	B1		B3	
		B2		B4	
		非标层		标准层	
4	高度（m）	基础标高		基坑深度	
		檐口高度		建筑总高	
5	结构形式	基础类型			
		结构类型			
6	地下防水	结构自防水			
		材料防水			
		构造防水			

续表

序号	项 目	内 容	
7	混凝土强度等级		
8	结构断面尺寸（mm）	基础底板厚度	
		外墙厚度	
		内墙厚度	
		柱断面	
		梁断面	
		板厚度	
9	转换层位置		
10	钢筋类别及规格		
11	变形缝位置		
12	碱骨料反应类别		

（2）设计图

±0.00 以下平面图 1 张（可兼作流水段划分图）。

±0.00 以上平面图 1 张（可兼作流水段划分图）。

（3）施工重难点及其对策（现场重难点和技术重难点）

3. 施工安排

（1）施工部位及工期要求（见表 4-12）

施工部位及工期要求 表 4-12

部位 时间	开始时间			结束时间			备注
	年	月	日	年	月	日	
基础底板							
±0.00 以下							
±0.00 以上							
顶层及风雨间							

（2）混凝土供应方式

1）现场搅拌站

现场搅拌站的平面设计：应表示该站的占地面积、搅拌机机型与台数、后台上料的方法；各种原材料的储存位置、数量、计量方法；水电源位置、环保措施、冬期施工措施等。

现场搅拌站的剖面设计：表达机械架设高度、自动上料设备与泵的架设高度、溜槽的角度。

明确混凝土配合比标牌的格式与内容。

2）预拌混凝土

对原材料的要求：确定其品种和规格（砂、石、水泥）；外加剂的类型、牌号及技术要求；掺合料的种类和技术要求；配合比的主要参数要求（坍落度、水灰比、砂率）。

（3）劳动组织及职责分工（应有劳务队伍及主要人员姓名）

1）管理层（工长）负责人。

2）劳务层负责人。

3）工人数量及分工。

4. 施工准备

（1）技术准备

1）搅拌站配合比主要技术参数的要求及试配申请。

2）现场养护室设置要求及设备的准备工作。

3）±0.00以下对碱骨料反应的要求。

4）对技术交底的要求。

（2）机具准备

列表说明机具的名称、数量、规格、进场日期。

（3）材料准备

列表说明材料的名称、数量、规格、进场日期。

（4）现场准备

根据现场实际情况布置混凝土浇筑的路线，罐车的进出场位置，以及浇筑前对浇筑部位的具体要求等。

5. 主要施工方法及措施

（1）流水段的划分（标准层及非标层分别表示）

±0.00以下，水平构件与竖向构件分段不一致时应分别表示。

±0.00以上，水平构件与竖向构件分段不一致时应分别表示。

（2）混凝土的拌制

1）原材料计量及其允许偏差（计量设备应定期校验，骨料含水率应及时测定）。

2）搅拌的最短时间。

（3）混凝土的运输

预拌混凝土搅拌站的选择，混凝土强度等级、初凝和终凝时间、坍落度、抗渗以及供应速度等技术要求，不同强度等级混凝土的供应方法，现场混凝土水平、垂直运输方式和机具等（应绘制垂直运输泵管、画图加固部位）。

1）运输时间的控制。

2）预拌混凝土运输车台数的选定。

3）现场混凝土输送方式的选择（塔式起重机吊运、泵送与塔式起重机联合使用、泵送）。

（4）混凝土浇筑

分底板、剪力墙、柱、梁、板、施工缝、后浇带等部位对混凝土的浇筑进行详细描述；混凝土浇筑顺序、间歇时间的控制，分层厚度，振捣要求，施工缝、后浇带的留置与处理以及其他注意事项。

1) 一般要求

对模板、钢筋、预埋件的隐预检。

浇筑过程中对模板的观察。

2) 施工缝在继续浇筑前的处理及要求。

3) ±0.00 以下部分

基础底板：浇筑方法、浇筑方向、泵管布置图等（此处为简要叙述，大体积混凝土施工应编制专项施工方案）。

墙体：浇筑方法、布料杆设置位置及要求。

楼板：浇筑方法。

4) ±0.00 以上部分

泵送混凝土的配管设计；混凝土泵的选型；混凝土布料杆的选型及平面布置。

工艺要求及措施：浇筑层的厚度；允许间隔时间；振捣棒移动间距；分层厚度及保证措施；倾落自由高度；相同配比减石子砂浆厚度等。

框架梁、柱节点浇筑方法及要求。

（5）混凝土试块的留置

除按有关规范规定要求留置（至少留置一组 28d 标养试块）外，还应考虑以下内容：

1) 同条件养护实体检验试块；

2) 拆模同条件强度试块；

3) 备用试块（至少两组）；

4) 抗渗混凝土还应留置抗渗性能试块；

5) 冬期施工还应留置受冻临界强度试块和转常温试块。

（6）混凝土的养护

1) 梁、板的养护方法。

2) 墙体的养护方法。

3) 柱子的养护方法。

6. 季节施工的要求

（1）雨期施工的要求

（2）冬期施工的要求

冬期施工对混凝土外加剂、搅拌运输浇灌的要求，混凝土保温养护方法、测温要求等。同时应包括热工计算以及绘制各部位测温点布置图。

7. 质量要求及管理措施

主要指混凝土工程的允许偏差及质量要求，按照国家标准《建筑工程施工质量验收统一标准》的要求进行，注明检查、检验的工具和检验方法等。

（1）允许偏差和检查方法

（2）验收方法

（3）质量通病的防治

混凝土工程中易出现的质量通病为：

1) 模板下口不平造成墙柱烂根；

2) 门窗洞口变形；

3）混凝土墙面气泡过多；

4）混凝土蜂窝、麻面、孔洞、露筋、夹渣等。

（4）质量保证措施

（5）成品保护

已浇筑楼板、楼梯踏步上表面混凝土的保护；外架作用在墙体时对混凝土强度的要求；楼梯踏步、门窗洞口、墙柱阳角等角部做护角的保护。

8. 安全文明施工、消防、绿色施工措施

（1）安全文明施工保证体系

（2）安全文明施工注意事项

包含泵送的安全要求，针对超高泵送应有泵管防爆措施。

（3）消防环保措施

9. 附图

冬期施工测温平面图、泵管布置平面图、泵管布置立面图、大体积混凝土测温平面图、大体积混凝土测温剖面图、大体积混凝土施工现场平面布置图（划分好现场车辆行走路线、车辆等待区、浇筑施工区、泵管布置、混凝土浇筑方向等）。

五、技术交底

（一）技术交底概述

技术交底是依据施工方案对施工操作的工艺措施交底。主要针对工序的操作和质量控制进行具体的安排，并将操作工艺、规范要求和质量标准具体化，是一线人员进行施工操作的依据。

技术交底面向的对象是班组工人，技术交底由项目责任工程师编写，是对施工方案的进一步细化，它主要是针对分部分项工程进行编写的，它是针对性最强的，也是使用寿命最短的一个，它仅仅能够指导完成一个分部分项工程。技术交底是从班组操作层的角度出发，反映的是操作的细节，突出可操作性。具体、详细内容是它的核心，它侧重操作。

技术交底是施工组织设计、施工方案的具体化。在技术交底中，必须突出可操作性，让一线的作业人员按此要求可具体去施工，不能生搬规范、标准原文条目，不能仍写成"符合规范要求"之类的话，而应根据分项工程的特点将操作工艺、质量标准具体化，把规范的具体要求写清楚。

在内容方面施工技术交底的目的是使施工管理人员了解工程项目的概况、技术方针、质量目标、进度安排和采取的各种重大措施；使施工操作人员了解其施工项目的工程概况、内容和特点、施工目标，明确施工过程、施工部署、施工工艺、质量标准、安全措施、环保措施、节约措施和工期要求。以此来实现减少各种质量通病、提高施工质量、加快施工进度、降低施工成本的目的。

技术交底包括施工组织设计交底、专项施工方案技术交底、分项工程技术交底三级技术交底，此外还应包括设计变更交底和四新技术交底。施工组织设计交底、专项施工方案技术交底、设计变更交底和四新技术交底在相关章节中介绍，本章重点介绍分项工程技术交底。

（二）分项工程技术交底的组织和内容

1. 分项工程技术交底的组织

分项工程或工序作业前，由专业工长根据施工图纸、变更洽商、已批准的专项施工方案和上级交底相关内容等资料拟定分项工程（工序）技术交底卡，并对班组施工人员进行交底。交底卡中的安全、质量要求应分别经项目部质量、安全负责人会签，生产经理对交底内容进行审核，再由总工负责签发。

技术交底应注重实效，具有针对性和指导性。要根据施工项目的特点、环境条件、季节变化等情况确定具体办法和方式。工期较长的施工项目除开工前交底外，当作业人员变动时应重新交底。重大危险项目施工时，在施工期内，应逐日交底。

2. 分项工程技术交底的主要内容

交底内容主要是施工项目的内容和质量标准及保证质量的措施，一般包括：

（1）作业时间安排；

（2）材料、机械；

（3）操作工艺；

（4）质量标准及验收；

（5）安全生产及环保措施；

（6）成品保护；

（7）其他。

施工人员应按交底要求施工，不得擅自变更施工方法和质量标准。项目管理人员发现施工人员不按交底要求施工应立即劝止，劝止无效则有权停止其施工，必要时报上级处理。必须更改时，应先经交底人同意并签字后方可实施。

3. 分部分项工程技术交底的管理规定

现场工程师对分项工程技术交底进行现场复核，并负责整改落实。原则上谁交底谁复核。

交底人在技术复核过程中如发现交底内容不易实现或操作性不强的地方，应报方案编制人进行修改，方案修改后应进行相应的审批，交底人再根据调整后的内容进行相应的技术交底。

施工中发生质量、设备或人身安全事故时，事故原因如属于交底错误者由交底人负责；属于违反交底要求者由施工人员负责；属于违反施工人员"应知应会"要求者由施工人员本人负责。

技术交底应分级统一存放，并对分部分项工程技术交底进行统计记录。

（三）主要工程技术交底编制要点

梁板钢筋分项工程技术交底要求

1. 施工准备

（1）材料与主要机具（列出详细的材料、机具清单，如已加工成型的钢筋、马镫、绑扎用钢丝及钢筋钩、保护层垫块、钢丝刷、粉笔、撬棍、绑扎架、尺子等）。

（2）作业条件（钢筋必须是已检状态［即具备出厂合格证或质量证明书且经过复试合格且标识］，表面无锈蚀、油污，支撑脚手架工程已完成）。

2. 钢筋加工

应根据工程实际情况包括如下内容：

（1）当采用冷拉钢筋时，应注明控制的方法。

（2）调直钢筋的方法。

（3）钢筋弯钩或弯折的要求（直钢筋末端的做法［弯钩角度、圆弧半径］，弯起钢筋弯折处的弯起半径，箍筋末端弯钩的角度与形式、直段的长度），以图形表示。

3. 钢筋接头

注明接头的形式，对接头的做法专门编制作业指导书，对接头在构件中的位置要求应包括如下内容：

（1）避开箍筋加密处。

（2）接头错开的要求。

（3）接头面积占总面积百分率的要求。

（4）接头距钢筋弯折处的要求。

4. 钢筋绑扎

给出绑扎的顺序，应包括如下内容的要求：

（1）对预留搭接筋的处理（对于先打墙体混凝土甩出平面结构［如楼梯休息平台梁板］预留筋的情况，注意调直理顺，清理表面砂浆，中途停工的裸露钢筋加保护等）。

（2）绑扎要求（绑扎形式［模内绑扎、模外绑扎，对于梁］，架立筋、腰筋的分档标志，箍筋弯钩的朝向及叠放次序、梁端第一个箍筋的位置，马镫铁的规格、间距，双排受力主筋之间距离的控制，注意悬挑板主筋的放置位置，交叉点绑扎要求［哪些交叉点要绑扎、哪些不需，对于双向受力的钢筋应全部扎牢］）。

（3）钢筋绑扎搭接（受力钢筋绑扎搭接的长度、间距及数量的要求，Ⅰ级钢筋绑扎接头末端弯钩的要求［弯钩的做法同"钢筋加工"的（3）条，弯钩平面和模板平面的角度要求］，绑扎接头钢筋横向净距的要求，搭接长度范围内绑扣数目的要求，竖筋与预留筋搭接处三道扣水平筋的数量）。

5. 质量标准

（1）保证项目

钢筋的品种和质量，冷拉或冷拔钢筋的机械性能，钢筋表面的直观要求，钢筋的规格、形状、尺寸、间距、锚固长度、接头设置等。列出检查数量及方法。

（2）基本项目

钢筋网片、骨架绑扎，弯钩朝向，绑扎接头、搭接长度，箍筋数量、弯钩角度、平直段长度。

（3）允许偏差项目

钢筋网的长度、宽度，网眼尺寸，骨架的宽度、高度、长度，受力钢筋、箍筋及构造筋的间距与排距，钢筋弯起点的位移、焊接预埋件的中心线位移及水平高差，受力钢筋的保护层。

6. 成品保护

预埋件避免碰撞的措施，钢筋网与预埋电气管线交叉时的处理，避免模板隔离剂污染钢筋的措施，避免钢筋防踩踏的措施。

7. 绿色施工要求

<h3 style="text-align:center">梁板模板分项工程技术交底要求</h3>

1. 施工准备

（1）材料与主要机具（列出详细的材料、机具清单）。

（2）作业条件（模板拼装方式与施工方案吻合、钢筋工程已做隐检）。

2. 安装及拆除模板

给出模板安装及拆除的工序，结合工序的每一步，说明应该注意的问题，应包括如下内容的要求（必要时用图形表示）：

（1）模板及架杆堆放（堆放场地［安全维护］、对地面的要求［排水通畅］、堆放架离地高度）。

（2）控制线（对断面尺寸，梁、板底标高的控制）。

（3）支撑系统（模板支撑脚手架的立杆间距、横杆步距；木方龙骨的截面尺寸、放置方向、间距；支撑脚手架的支撑层数；快拆系统；支撑系统的基础要求等）。

（4）脱模剂（采用脱模剂的种类、涂刷脱模剂的时间和对模板基层的要求，如必须把模板上的水泥清理干净等）。

（5）模板严密方法（接缝处理、模板底找平做法、阴阳角处理）。

（6）保护层垫块（种类、间距）。

（7）模板清扫口（梁柱接头最低点清扫口的留置，合模之前的第一道清扫，绑扎后用空压机或压力水清扫）。

（8）起拱（起拱高度按图纸及规范要求，但必须保证截面高度）。

（9）预留洞、预埋铁件（位置、标高、固定方法）。

（10）各部位拆模时对混凝土的要求（对于快拆部位的拆模混凝土强度要求单独提出），对于预应力梁，需注明侧模、底模拆除的时间。

（11）清理粘连物。

3. 质量标准

（1）保证项目

强度、刚度、稳定性符合方案要求，支架底部有足够的支撑面积，支架支撑的基土要有足够的强度。

（2）基本项目

接缝宽度、粘浆情况、漏涂脱模剂情况。

（3）允许偏差项目

轴线位移、标高、截面尺寸、每层垂直度、表面平整度、相邻两板表面高低差、预埋钢板中心线位移、预埋管预留孔中心线位移、预埋螺栓、预留洞。

4. 成品保护

吊装时的要求、拆模时的要求（以免损伤混凝土，模板与梁面粘接时该采取的措施）、堆放时的防护要求等。

5. 绿色施工要求

梁板混凝土分项工程技术交底要求（商品混凝土）

1. 施工准备

（1）材料与主要机具（列出详细的材料、机具清单，如输送泵系统、布料管、塔吊、吊斗、平板振动器、插入式振捣器、手推车、翻斗车、尖锹、平锹、木抹子、长抹子、铁插尺、胶皮水管、铁板等）。

（2）作业条件（模板分项工程、钢筋分项工程的隐、预检已完成，具备对商品混凝土厂家所提出的书面技术要求，浇筑混凝土的架子和马道搭设完毕，浇灌申请书、开盘鉴定已完成等）。

2. 混凝土运输

应提出如下内容的要求：

（1）每车混凝土到达工地的时间区域（即最早到达和最迟到达时间），并如实记录。

（2）根据商品混凝土厂家所提出的书面技术要求对混凝土进行验收，如何统一该技术要求（如强度等级、外加剂、水泥品种、早强要求、抗渗要求、坍落度、出机温度、到达时间、入模时间、初凝时间、终凝时间等）有待商榷，最好将该技术要求在合同中提出。

（3）泵送之前对泵送系统的要求（输送管线顺直、转弯缓、接头严密，润管，出现离析或预计泵送间歇时间超过 45min 时的处理方法［冲洗管内残留混凝土的方法，一般采用压力水］，预防泵送过程吸入空气产生堵塞的措施［料斗内有足够的混凝土］）。

3. 混凝土浇筑

应提出如下内容的要求：

（1）施工缝的留置（给出施工缝的位置［对于截面高大于 1m 的梁，若单独浇筑，需给出梁水平施工缝的位置；对于平面需给出垂直施工缝的位置］）及处理方法（施工缝和板面垂直，用木板或钢丝网挡牢，凿毛并清除软弱层到实处［该工序的开始时间，可以在强度达 1.2MPa 以后］，冲洗，刷界面剂［需提供界面剂的型号及使用说明书］，已浇筑混凝土的强度要求［不小于 1.2MPa，如何控制］等）。

（2）雨雪天浇筑混凝土时需采取的措施。

（3）根据浇筑时的温度和混凝土强度等级，给出混凝土出机到浇筑完毕的最长延续时间（《混凝土结构工程施工质量验收规范》GB 50204），还应给出混凝土运输、浇筑和间歇的最长时间（在不留置施工缝的情况下，据《混凝土结构工程施工质量验收规范》GB 50204）。

（4）振捣混凝土的要求。

（5）对于常用的插入式振捣器，根据振捣器的作用半径 R（30～40mm，可通过试验得出），给出梁混凝土振捣点的布置图（两点之间的距离不大于 1.5R，振动点距模板小于 0.5R 且不能紧靠模板）；对每一点振捣程度的要求（快插慢拔、混凝土表面出现浮浆，振捣器插入下层混凝土深度不小于 50mm）。

（6）对于板厚小于等于 12cm 的板，采用平板振动器振动，振动到混凝土面均匀出现浆液为止，移动时应成排依次振动前进，前后位置和排与排之间的搭接应有 3～5cm；对于板厚大于 12cm 的板，先采用插入式振捣器顺浇筑方向拖拉振捣再用平板振动器按要求走一遍，不准用振捣棒铺摊混凝土。

（7）对于斜板，振动器应由低处向高处逐渐移动，以保证混凝土密实。

4. 混凝土养护

给出养护的方法与时间。若采用蓄水养护，应给出蓄水的高度。

5. 质量标准

（1）保证项目

原材料，养护，施工缝处理，试块的制作、取样、养护和试验。

（2）基本项目

给出括弧中内容的检查标准及方法（蜂窝、孔洞、主筋露筋、缝隙夹渣）。

（3）允许偏差项目

给出括弧中内容的检查标准及方法（轴线位移，标高，截面尺寸，垂直度，表面平整度，预埋钢板、预埋管、预留孔、预埋螺栓、预留洞的中心线偏移，电梯井筒长、宽偏差及全高垂直度）。

6. 成品保护

避免重物冲击模板，对已浇筑的墙体混凝土得等到强度达 1.0MPa 才能拆除大模板。

浇筑过程保证钢筋、垫块和预埋物件（预埋铁、水电管线）的位置正确，保护好插筋（及时清理粘上的混凝土浆、不碰动）。

已浇筑好的楼板、楼梯踏步的上表面混凝土加以保护，强度到达 1.2MPa 后，方准在面上进行操作及安装结构用支架和模板。

7. 绿色施工要求

附录：强度达 1.2MPa 的判定方法。

因为混凝土的早期强度增长较快，用同条件试块检测 1.2MPa 在时间上一般难以做到。可以事先对本工程中所用的不同配合比、不同温度、不同龄期的混凝土强度进行试验，得出特定配合比和特定温度下的混凝土强度增长曲线，然后根据该曲线判定强度到达 1.2MPa 的时间。同理该曲线亦可作为判定其他同条件养护试块强度的参考。

墙、柱钢筋分项工程技术交底要求

1. 施工准备

（1）材料与主要机具（列出详细的材料、机具清单，如已加工成型的钢筋、梯型支撑筋、绑扎用钢丝及钢筋钩、保护层垫块、钢丝刷、粉笔、撬棍、绑扎架、尺子等）。

（2）作业条件（钢筋必须是已检状态［即具备出厂合格证或质量证明书且经过复试合格且标识］，表面无锈蚀、油污，对中途停工的裸露钢筋加保护）。

2. 钢筋加工

应根据工程实际情况包括如下内容：

（1）当采用冷拉钢筋时，应注明控制的方法。

（2）调直钢筋的方法。

（3）钢筋弯钩或弯折的要求（直钢筋末端的做法［弯钩角度、圆弧半径］，弯起钢筋弯折处的弯起半径，箍筋末端弯钩的角度与形式、直段的长度），以图形表示。

3. 钢筋接头

注明接头的形式，对接头的做法专门编制作业指导书，对接头在构件中的位置要求应包括如下内容：

（1）避开箍筋加密处。

（2）接头错开的要求。

（3）接头面积占总面积百分率的要求。

（4）接头距钢筋弯折处的要求。

4. 钢筋绑扎

应包括如下内容的要求：

（1）对预留搭接筋的处理（如调直理顺，清理表面砂浆，对中途停工的裸露钢筋加保护等）。

（2）绑扎要求（横筋分档标志，梯形支撑筋的规格、间距，拉筋设置［规格、间距］，交叉点绑扎要求［哪些交叉点要绑扎、哪些不需，对于双向受力的钢筋应全部扎牢］，箍筋弯钩叠合处交错布置的要求，柱箍筋拉筋与主筋、箍筋的关系等）。

（3）钢筋绑扎搭接（水平分布筋绑扎搭接的长度、间距及数量的要求，受力钢筋绑扎搭接的长度、间距及数量的要求，Ⅰ级钢筋绑扎接头末端弯钩的要求［弯钩的做法同"钢筋加工"的"c"条，弯钩平面和模板平面的角度要求］，绑扎接头钢筋横向净距的要求，搭接长度范围内绑扣数目的要求，竖筋与预留筋搭接处三道扣水平筋的数量）。

5. 钢筋锚固

当设计图纸不详时，至少应表示如下部位的锚固形式：

（1）剪力墙筋在端部及转角处暗柱里的锚固形式。

（2）连梁水平钢筋在墙内的锚固形式，建筑物最顶层连梁伸入墙内部位的箍筋构造。

（3）剪力墙洞口加强筋的锚固构造。

6. 质量标准

（1）保证项目

钢筋的品种和质量，冷拉或冷拔钢筋的机械性能，钢筋表面的直观要求，钢筋的规格、形状、尺寸、间距、锚固长度、接头设置等。列出检查数量及方法。

（2）基本项目

钢筋网片、骨架绑扎，弯钩朝向，绑扎接头、搭接长度，箍筋数量、弯钩角度、平直段长度。

（3）允许偏差项目

钢筋网的长度、宽度，网眼尺寸，骨架的宽度、高度、长度，受力钢筋、箍筋及构造筋的间距与排距，钢筋弯起点的位移、焊接预埋件的中心线位移及水平高差，受力钢筋的保护层。

7. 成品保护

预埋件避免碰撞的措施，钢筋网与预埋电气管线交叉时的处理，避免模板隔离剂污染钢筋的措施。

8. 绿色施工要求

墙、柱模板分项工程技术交底要求

1. 施工准备

（1）材料与主要机具（列出详细的材料、机具清单）。

（2）作业条件（模板拼装方式与施工方案吻合、钢筋工程已做隐检）。

2. 安装及拆除模板

给出模板安装及拆除的工序，结合工序的每一步，说明应该注意的问题，应包括如下内容的要求（必要时用图形表示）：

（1）模板堆放（堆放形式［对面放］、堆放角度［小于等于80°］、堆放场地［安全维护］、对地面的要求［排水通畅］）。

（2）控制线（对断面尺寸、标高的控制）。

（3）支撑系统（对于墙，牵杠、立档、斜撑、平撑、对拉螺栓、防止墙模上浮用钢丝绳等的设置；对于柱，柱箍、背楞、稳定柱模的斜撑、水平撑、剪刀撑、揽风绳等的设置）。

（4）脱模剂（采用脱模剂的种类、涂刷脱模剂的时间和对模板基层的要求，如必须把模板上的水泥清理干净等）。

（5）模板严密方法（接缝处理、模板底找平做法、阴阳角处理、避免错台处理方法）。

（6）保护层垫块（种类、间距）。

（7）模板清扫口（墙柱根部或拐头清扫口的留置，合模之前的第一道清扫，绑扎后用空压机或压力水清扫），排气口（大型预留洞口模底、顶部大型预埋钢板留排气口），浇捣口（高柱、高墙侧面预留浇捣口，以免混凝土自由落距太大）。

（8）防水混凝土穿墙螺栓处的止水措施（螺栓加焊止水环、预埋套管加止水环、螺栓加堵头，结合实际情况参考《地下工程防水技术规范》GB 50108，用图形表示）。

（9）预留洞、预埋铁件（位置、标高、固定方法）。

（10）爬架、悬挑架（对于墙模，对已浇筑的混凝土强度的要求，施工荷载的控制要求）。

（11）各部位拆模时对混凝土的要求。

（12）清理粘连物。

3. 质量标准

（1）保证项目

强度、刚度、稳定性符合方案要求，支架底部有足够的支撑面积，支架支撑的基土要有足够的强度。

（2）基本项目

接缝宽度、粘浆情况、漏涂脱模剂情况。

（3）允许偏差项目

轴线位移、标高、截面尺寸、每层垂直度、表面平整度、相邻两板表面高低差、预埋钢板中心线位移、预埋管预留孔中心线位移、预埋螺栓、预留洞。

4. 成品保护

吊装时的要求、拆模时的要求（以免损伤混凝土，模板与墙、柱面粘接时该采取的措施）、堆放时的防护要求等。

墙、柱混凝土分项工程技术交底要求（商品混凝土）

1. 施工准备

（1）材料与主要机具（列出详细的材料、机具清单，如输送泵系统、布料管、塔吊、吊斗、振捣棒、串桶、手推车、翻斗车、尖锹、平锹、木抹子、长抹子、铁插尺、胶皮水管、铁板等）。

（2）作业条件（模板分项工程、钢筋分项工程的隐、预检已完成，具备对商品混凝土厂家所提出的书面技术要求，浇筑混凝土的架子和马道搭设完毕，浇灌申请书、开盘鉴定已完成等）。

2. 混凝土运输

应提出如下内容的要求：

（1）每车混凝土到达工地的时间区域（即最早到达和最迟到达时间），并如实记录。

（2）根据商品混凝土厂家所提出的书面技术要求对混凝土进行验收，如何统一该技术要求（如强度等级、外加剂、水泥品种、早强要求、抗渗要求、坍落度、出机温度、到达时间、入模时间、初凝时间、终凝时间等）有待商榷，最好将该技术要求在合同中提出。

泵送之前对泵送系统的要求（输送管线顺直、转弯缓、接头严密，润管，出现离析或预计泵送间歇时间超过 45min 时的处理方法［冲洗管内残留混凝土的方法，一般采用压力水］，预防泵送过程吸入空气产生堵塞的措施［料斗内有足够的混凝土]）。

3. 混凝土浇筑

应提出如下内容的要求：

（1）自由倾落高度不大于 2m，浇筑高度大于 3m 时的方法（串桶、溜管等）。

（2）施工缝的留置（给出施工缝的位置［对于墙，给出水平施工缝和垂直施工缝的位置；对于柱，给出水平施工缝的位置]）及处理方法（凿毛并清除软弱层到实处［该工序的开始时间，可以在强度达 1.2MPa 以后］，冲洗，填 50～100mm 厚与混凝土内砂浆成分相同的水泥砂浆，已浇筑混凝土的强度要求［不小于 1.2MPa，如何控制］等）。

（3）雨雪天浇筑混凝土时需采取的措施。

（4）混凝土浇筑层厚度的确定（按《混凝土结构工程施工质量验收规范》GB 50204—2002（2011 版）表 4.3.2）及控制方法（测量振动棒的有效长度，做好标尺杆［用油漆将分层厚度标出］，估算出每层混凝土总量）。

（5）根据浇筑时的温度和混凝土强度等级，给出混凝土出机到浇筑完毕的最长延续时间（《混凝土结构工程施工质量验收规范》GB 50204，还应给出混凝土运输、浇筑和间歇的最长时间（在不留置施工缝的情况下，据《混凝土结构工程施工质量验收规范》GB 50204）。

（6）振捣混凝土的要求。

（7）对于常用的插入式振捣器，根据振捣器的作用半径 R（30～40mm，可通过试验得出），给出柱、墙振捣点的布置图（两点之间的距离不大于 $1.5R$，振动点距模板小于 $0.5R$ 且不能紧靠模板）；对每一点振捣程度的要求（快插慢拔、混凝土表面出现浮浆，振捣器插入下层混凝土深度不小于 50mm）。

（8）对于构造柱和圈梁的砌体结构，应先浇筑构造柱到圈梁底，再浇筑圈梁。若一起浇筑，应在柱浇筑完毕后停歇 1～1.5h 再浇筑圈梁。

4. 混凝土养护

应提出如下内容的要求：

（1）养护的方法（养护剂的名称、涂刷的时间、提供养护剂使用说明书）。

（2）养护的时间。

（3）对防水混凝土外墙的养护方法（如何喷水）。

5. 质量标准

（1）保证项目

原材料，养护，施工缝处理，试块的制作、取样、养护和试验。

（2）基本项目

给出括弧中内容的检查标准及方法（蜂窝、孔洞、主筋露筋、缝隙夹渣）。

（3）允许偏差项目

给出括弧中内容的检查标准及方法（轴线位移，标高，截面尺寸，垂直度，表面平整度，预埋钢板、预埋管、预留孔、预埋螺栓、预留洞的中心线偏移，电梯井筒长、宽偏差及全高垂直度）。

6. 成品保护

避免重物冲击模板，对已浇筑的墙体混凝土得等到强度达 1.0MPa 才能拆除大模板。

浇筑过程保证钢筋、垫块和预埋物件（预埋铁、水电管线）的位置正确，保护好插筋（及时清理粘上的混凝土浆、不碰动）。

墙体混凝土强度达 7.5MPa 后才能挂为上一层墙体施工用的外挂架。

7. 绿色施工要求

六、深化设计

(一) 深化设计概述

深化设计是指工程总承包单位在业主提供的施工图纸基础上,结合施工现场实际情况,对图纸进行细化、补充和完善。深化设计后的图纸满足业主或设计院的技术要求,符合相关地域的设计规范和施工规范,并通过审查,图形合一,能直接指导现场施工。

深化设计的目的主要在于对业主提供的施工图纸中无法达到施工要求的部分进行合理细化。通过深化设计,既可以细化图纸内容,又能够与采购、现场管理等部门进行深入交流,选择最合适的设备材料、现场管理方法。同时还可以结合企业自身技术实力,提出合理化建议,优化施工图纸。通过深化设计为项目实现工期、质量和成本目标提供技术支撑。

深化设计是项目施工技术准备阶段的重要工作,它在项目二次经营工作中起着重要作用,可以有效提高项目部成本和质量控制能力。

深化设计的原则:深化设计是在不改变一次设计(原设计)各个系统形式、系统参数和系统功能的条件下进行的细化设计。所有深化设计必须由原设计进行确认。

(二) 深化设计工作的管理

1. 深化设计的组织管理

深化设计按照"谁承包谁深化"的原则进行,项目部自行组织施工的安装工程及部分装饰装修工程必须进行深化设计。

项目深化设计组织机构形式应根据项目规模的大小,一次设计图纸的优劣,设计任务的多少进行确定。对于一般工程项目,由项目总工程师组织领导项目技术人员和责任工程师完成项目的深化设计工作,必要时可配备部分专业设计人员与项目人员共同完成项目深化设计工作。对于项目规模特别大并且深化设计工作量特别大的项目,可成立独立的深化设计部,设立设计经理负责项目深化设计总体管理工作,同时配备相应的各专业设计人员负责各个系统的综合深化设计。

工程设计是百年大计,关系到人民生命财产的安全,容不得半点马虎;而设计单位在设计计算能力方面明显优于施工单位,是经过各级政府机关审核批准的有资质的单位,而施工单位的优势仅在于施工操作经验上,所以工程的方案设计必须由设计单位负责,施工单位的深化设计也要遵循严格的审核、审批制度,在工程设计的原则性方面必须服设计单位的要求,对设计方案进行原则性的更改时必须得到设计师的同意,所有的施工图应得到设计单位的审批,方可投入施工。项目深化设计组织机构详见图 6-1。

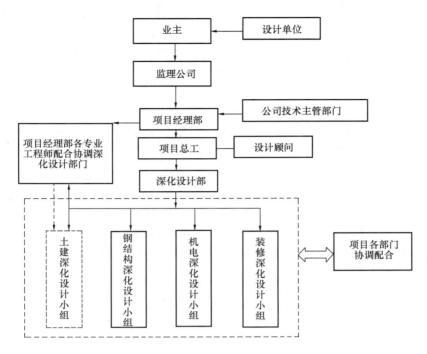

图 6-1 项目深化设计组织机构

2. 深化设计任务分配管理

项目技术负责人负责深化设计整体策划，确定深化设计的范围和部位，编制深化设计任务表。确定出图范围后，项目总工应根据施工总体控制计划，确定各个区域、系统的总体出图计划，并编制详细的深化设计出图计划表。出图计划应满足整体施工的需要，计划节奏安排合理均衡，避免短时间投入较大的资源，增加设计成本。出图计划应分专业编制，并考虑各个专业协调时间。

3. 深化设计图纸确认程序

为了确保深化设计图纸内容符合国家标准、规范，满足合同规定的使用要求，同时深化设计作为工程结算的重要依据，必须进行确认。项目总工根据设计确认的结论性意见和记录，采取相应的纠正措施或改进措施，跟踪执行并予以记录，以确保深化设计满足国家标准、规范及施工现场的预期需求。设计确认采用下列几种方式进行：

（1）设计院对深化设计的审核；

（2）业主主持的深化施工图会审；

（3）施工现场安装过程的审核。

（三）深化设计内容

1. 深化设计工作内容分析比较（见表 6-1）

2. 深化设计的深化范围的确定

（1）工程开工前，在设计图纸到达后，根据图纸的设计意图及设计质量，及以往的施工经验，进行设计策划，确定出图的部位、系统及区域。确定出图区域、部位的原则：

深化设计工作内容分析比较　　　　　　　　　　表 6-1

项目	结构工程	装修工程	机电工程
设计院提供的图纸状况	混凝土结构工程： 　通常设计院提供的图纸能够满足结构施工需求，对梁柱节点、特殊的钢筋密集部位或劲性混凝土结构，存在未对结构配筋进行详细布置设计。 　钢结构工程： 　设计院仅提供根据结构计算分析确定的主要结构构件断面、重要节点连接构造等影响结构受力的关键性图纸。工程实施需进行大量的加工图设计，包括对原设计不合理处进行必要的调整	大多数的设计院只提供装修初步设计图，实施中常常根据业主的需求进行另行的设计完善细化，装修图纸的深化设计由装修专业分包商或总包商承担。 　对于一些特别的公共建筑，设计院提供图纸详细程度可满足施工需求，对深化设计的需求不明显	通常国内设计院提供的机电图纸基本能满足机电各系统的施工需求，但和其他专业配合紧密的图纸，例如土建配合图、机电管线综合排布图、支吊架制作安装详图、吊顶末端器具排布图及机电与结构、幕墙等配合的大样图等均需要施工单位进行深化。 　此外，有外资背景的业主提供的机电图纸通常仅为概念图，需要施工单位中标后完成机电系统的施工图设计和施工图深化设计及相关的图纸报审工作
深化设计内容	混凝土结构工程： 　①梁柱节点、转换梁等配筋密集部位节点放样、细化； 　②机电预留洞口布置； 　③幕墙预埋件布置（由幕墙专业承包商提供） 　④钢结构工程： 　结构体系建模分析； 　构件、节点优化归并； 　加工图设计	①依据业主要求对原设计方案的调整； 　②装修详图设计，主要包括大堂、电梯厅、卫生间、会议室的地面、墙面、顶棚分格详图设计，大多由装修专业承包商完成	国内一般机电工程： 　①土建配合图； 　②机电管线综合排布图； 　③支吊架制作安装图； 　④吊顶末端器具排布图； 　⑤大样图等。 　外资背景工程： 　①完善机电系统的施工图设计； 　②完成机电系统的施工图深化设计

1）管线密集、系统复杂、设备体积庞大、管线负荷大、施工难度较大的部位；

2）建筑装修要求高，空间位置较小，系统布置不合理影响建筑效果的部位；

3）设备层设备机房等部位系统布置不合理，影响设备运转、噪声超标的部位。

（2）民用建筑可参考以下范围确定出图范围：

1）楼梯间、电梯前室、大堂、设备用房、屋面等公共部分的建筑深化设计（各类装饰材料的排版图设计）；

2）各设备机房（如制冷机房、锅炉房、空调机房、泵房等）详图设计（包括建筑、设备、管道、电气、通风专业的详图设计以及各专业的综合机电管线图设计）；

3）卫生间详图设计（建筑、给水排水专业）；

4）各电气竖井布置详图（电气专业详图设计）；

5）冷却水管吊架图（管道专业详图设计）；

6）各管道竖井布置详图（管道专业详图设计、综合机电管线图设计）；

7）各塔楼主要走廊内管线布置（综合机电管线图设计）；

8）标准间吊顶内详图设计（建筑、综合机电管线图设计）；

9）地下室各区域管线布置（综合机电管线图设计）；

10）地下室各区域管道支吊架布置（各专业详图设计）；

11）各标准层管道支吊架布置（各专业详图设计）；

12）末端部件安装详图设计（包括风口、喷头位置等）。

七、图纸会审与设计变更洽商

（一）施工图纸会审

1. 概述

图纸会审的目的是为了使项目部各部门及管理人员熟悉设计图纸，了解工程特点和设计意图，找出需要解决的技术难题，并制定解决方案；解决图纸中存在的问题，减少图纸的差错，将图纸中的质量隐患消灭在萌芽之中；找出图纸中的漏洞并结合不平衡报价单项以及项目潜在的亏损点，进行优化设计，提出变更意见，做好二次经营工作。

施工图纸会审前，项目总工必须组织图纸预审。图纸预审除找出图纸存在的问题以外，还应根据项目成本分析情况，着重针对潜亏点进行有针对性地策略制定。

图纸预审是在接到图纸后，先由项目总工程师牵头组织各专业人员（含分包）在一定的时间内进行专业自审，随后组织各专业人员进行图纸预审，针对各专业自审发现的问题及建议从优化经营、质量保障、技术攻关等方面进行讨论，并形成图纸预审记录，提前与设计人员沟通或待图纸会审时讨论解决。

2. 施工图纸会审的组织

图纸会审一般应在工程项目开工前并且图纸预审工作完成后进行，由建设单位组织。项目部总工程师应根据施工进度要求，敦促甲方尽快组织会审。特殊情况（如图纸不能及时供应时）也可边开工边组织会审。

3. 施工图纸会审的程序

项目部应主动要求建设单位组织施工图纸会审。并由建设单位分别通知设计、监理、勘察、独立分包单位参加，我方分包由我方通知。

图纸会审分"专业会审"和"综合会审"，解决专业自身和专业与专业之间存在的各种矛盾及施工配合问题。无论"专业"或"综合"会审，在会审之前，应先由设计单位交底，交代设计意图、重要及关键部位，采用的新技术、新结构、新工艺、新材料、新设备等的做法、要求、达到的质量标准，而后再由各单位提出问题。

图纸会审时，由项目总工程师提出我方图纸预审时的统一意见，并由内业技术人员做好记录。图纸会审记录经项目总工程师审核无误，由各参加会审人员签字，并经相关单位盖章后生效。

根据实际情况，图纸也可分阶段会审，如地下室工程、主体工程、装修工程、水电暖等。当图纸问题较多较大时，施工中间可重新会审，以解决施工中发现的设计问题。

对于"重、大、特、新"项目，项目部总工程师应通知公司技术管理部参加图纸预审和图纸会审。

4. 施工图纸会（预）审的内容

（1）审查施工图设计是否符合国家有关技术、经济政策和有关规定。

（2）审查施工图的基础工程设计与地基处理有无问题，是否符合现场实际地质情况。

（3）审查建设项目坐标、标高与总平面图中标注是否一致，与相关建设项目之间的几何尺寸关系以及轴线关系和方向等有无矛盾和差错。

（4）审查图纸及说明是否齐全和清楚明确，核对建筑、结构、上下水、暖卫、通风、电气、设备安装等图纸是否相符，相互间的关系尺寸、标高是否一致。

（5）审查建筑平、立、剖面图之间关系是否矛盾或标注是否遗漏，建筑图本身平面尺寸是否有差错，各种标高是否符合要求，与结构图的平面尺寸及标高是否一致。

（6）审查建设项目与地下构筑物、管线等之间有无矛盾。

（7）审查结构图本身是否有差错及矛盾，钢筋混凝土关于钢筋构造方面的要求在图中是否说明清楚，如钢筋锚固长度与抗震要求长度等。

（8）审查施工图中有哪些施工特别困难的部位，采用哪些特殊材料、构件与配件，货源如何组织。

（9）对设计采用的新技术、新结构、新材料、新工艺和新设备的可能性和应采用的必要措施进行商讨。

（10）设计中的新技术、新结构限于施工条件和施工机械设备能力以及安全施工等因素，要求设计单位予以改变部分设计的，审查时必须提出，共同研讨，求得圆满的解决方案。

5. 施工图纸会审的相关要求

（1）施工图纸会审记录内容

1）工程项目名称（分阶段会审时要标明分项工程阶段）。

2）参加会审的单位（要全称）及其人员名字。

3）会审地点（地点要具体保证追溯性），会审时间（年、月、日）。

4）会审记录具体内容：建设单位和施工单位对设计图纸提出的存在的矛盾、问题及设计人员的答复（要注明图别、图号，必要时可以附图说明）。施工单位为便于施工，针对施工安全或建筑材料等问题要求设计单位修改部分设计的洽商结果与解决方法（要注明图别、图号，必要时可以附图说明）。会审中尚未得到解决或需要进一步商讨的问题。列出参加会审单位名称，并盖章后生效。

（2）施工图纸会审记录的发送

盖章生效的图纸会审记录统一由资料员发送，且做好发放记录。会审记录发送单位包括：建设单位（业主）、设计单位（勘查）、监理单位、施工单位（项目部工程、技术、质量、安全、环境、商务等部门，专业技术人员、有关施工班组、预算员、资料员自存三份作交工资料用）。

（3）图纸持有人应将图纸会审内容标注在图纸上，注明修改人和修改日期。

（4）项目技术部应对图纸会审内容进行现场技术复核，发现问题及时纠正、整改。

（二）设计变更洽商

1. 概述

设计变更是设计单位对施工图或其他设计文件所作的修改说明，通常以设计变更通知单的形式出现，有时为表达清楚也会附有图纸。

按变更内容分为三类：

（1）小型设计变更：不涉及变更设计原则，不影响工期、质量、安全和成本，不影响整洁美观，且不增减合同费用的变更事项。例如图纸尺寸差错更正、原材料等强换算代用、图纸细部增补详图、图纸间矛盾问题处理等。

（2）一般设计变更：工程内容有变化，有费用增减，但还不属于重大设计变更的项目。

（3）重大设计变更：变更设计原则，变更系统方案，变更主要结构、布置，修改主要尺寸和主要材料以及设备的代用等设计变更项目。

2. 设计变更的审批

（1）小型设计变更。由项目部总工程师提出工程洽商，经工程项目总监审核后，由设计、建设单位代表签字同意后生效。

（2）一般设计变更。由项目总工程师提出设计变更申请，并配合项目商务经理组织编制经济签证，送交建设单位审核。经设计单位同意后，由设计单位签发设计变更通知书并经建设（监理）单位会签后生效。

（3）重大设计变更。由项目总工程师组织相关人员研究、论证后，配合项目商务经理编制经济签证提交建设单位；建设单位组织设计、施工、监理单位进一步论证、审核，决定后由设计单位修改设计图纸并出具设计变更通知书，经建设、监理、施工单位会签后生效。超出建设单位和设计单位审批权限的设计变更，应先由建设单位报有关上级单位批准。

3. 设计变更的内部评审

涉及工程质量、工期、成本、施工范围、验收标准的变更（一般和重大设计变更），由项目总工程师及时通知商务经理组织各部门进行内部评审，并根据评审意见及时办理好签证索赔工作。

4. 设计变更管理的要求

设计变更通知单应发送各施工图使用单位，经济签证应分送有关成本核算及管理单位。其具体份数按合同规定或由相关单位商定。

设计变更及工程洽商应文字完整、清楚、格式统一；其发放范围与设计文件发放范围一致。设计变更及工程洽商应列为竣工资料移交。

项目技术部应对设计变更与工程洽商进行技术复核，每月定期检查设计变更与工程洽商内容的执行情况。

八、工程试验管理

（一）工程试验管理概述

施工现场试验与检验主要包括材料检验试验、建筑工程施工检验试验和施工现场检测试验管理三部分。

材料检验试验主要包括进场材料复试项目、主要检测参数、取样依据及试件制备。

建筑工程施工检验试验内容主要包括：施工工艺参数确定，土工、地基与基础、基坑支护、结构工程、装饰装修、工程实体及使用功能检测。

施工现场检测试验管理包括试验职责、现场试验室管理、检测试验管理和试验技术资料管理。

（二）工程试验管理职责

项目经理部试验管理由项目总工、技术员、专职试验员、各专业工长组成。工程试验管理组织架构见图 8-1。

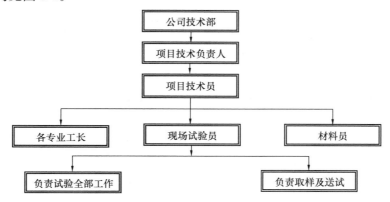

图 8-1　工程试验管理组织架构

1. 企业技术管理部门工程试验管理职责

（1）贯彻执行国家、部、地方、行业的有关规定、技术标准和上级对试验工作的要求。

（2）组织制定试验管理规定，掌握试验管理工作情况。

（3）组织培训试验人员学习法规、规范、技术标准、试验方法及试验业务管理知识，并负责检查考核试验人员资质水平、业务能力。

（4）定期检查现场的试验工作和业务指导。

（5）推广试验工作中的先进技术，统一试验项目操作标准，组织进行业务工作交流。

（6）参与工程试验有关的工程质量事故分析。

（7）对试验人员资质、试验环境、设备进行控制，按照试验标准进行验收。

（8）定期检查试验系统仪器设备的配备、管理和标定工作。

2. 项目技术负责人工程试验管理职责

（1）项目部配备专职试验员，负责本项目的试验工作；试验工作实行项目总工程师负责制。

（2）负责组建或协助分包单位筹建现场试验室，制定岗位责任制度、计量器具和试验设备管理制度、养护室的管理制度。

（3）抓好本项目试验工作的实施，做好对现场试验员的技术交底工作。

（4）负责现场试验、检验的组织与协调，定期、不定期的对现场试验资料和现场试验室进行检查。

（5）组织各专业人员对图纸所用材料进行梳理，并计算出所对应的工程量，组织编制试验计划方案。

3. 项目技术员工程试验管理职责

（1）负责根据图纸、规范的要求，对试验材料给出试验、检验标准并协助现场试验员填写试验单。

（2）编制试验计划方案。

4. 各专业工长工程试验管理职责

（1）按照不同施工阶段、流水段等要求，对所用材料的现场试验、检验的相关信息，需提前1天交付给现场试验员，所提供的内容应包括：时间、部位、所用材料指标、数量等。

（2）对于现场放置的混凝土养护试件等，负责看管。

5. 材料员工程试验管理职责

（1）将新进原材料的名称、数量、种类及其所应用部位等原材料试验信息提供给现场试验员。

（2）配合现场试验员进行原材料取样。

6. 现场试验员工程试验管理职责

（1）认真贯彻执行国家有关试验的法规和规范，熟练掌握各项试验标准和操作要求。

（2）在施工前，按照项目施工组织设计，会同技术人员编写项目试验计划，包括见证取样和实体检验计划，并按照计划开展工作，保证试验项目齐全，试验数据真实、准确，并认真填写《试验台账》。

（3）负责原材料取样、送样和砂浆、混凝土试块制作、养护及送试验室测定等工作；试件送试后，应及时取回试验报告，对不合格项目应及时通知项目总工程师并按有关规定处理。

（4）负责填写委托试验单。

（5）负责向试验室提供所试验原材料的验证资料，包括产品备案书、材料检验报告、使用说明书、合格证等。

（6）负责试验报表的统计上报，工程试验资料的领取、整理、汇总工作。

（7）负责混凝土坍落度、砂浆稠度的测定工作。

（8）负责冬期施工混凝土的测温，并做好测温记录。

（9）建立现场试验台账。包括（不限于）：

1）水泥试验台账；

2）砂石试验台账；

3）钢筋（材）试验台账；

4）砌墙砖（砌块）试验台账；

5）防水材料试验台账；

6）混凝土外加剂试验台账；

7）混凝土试验台账；

8）砌筑砂浆试验台账；

9）钢筋（材）连接试验台账；

10）回填土试验台账；

11）标准养护室温湿度记录；

12）砂石含水率测试记录；

13）结构实体同条件试块记录表；

14）大气温度测温记录表；

15）混凝土坍落度测定记录；

16）有见证试验汇总表。

（三）现场试验管理要求

1. 标养室管理

（1）标养室的试块必须放在架子上且彼此间隔≥10mm，不可将试块无序排放。

（2）混凝土（砂浆）试块要和混合砂浆试块分别存放。温度控制在（20±2）℃，相对湿度为95％以上。水泥混合砂浆养护温度为（20±3）℃，相对湿度为60％～80％，若现场混合砂浆标养达不到此要求，应在混合砂浆成型后立即送试验室。

（3）标养室每天由专人负责进行两次温度和湿度的检查（上、下午各1次），并记录测定时间、测定值，由检测人签字。

（4）标养室应保持清洁卫生，不得放其他杂物。

（5）要经常检查标养室的仪表、设备、温湿度计、排水设施、电路等，以确保安全和正常使用。

2. 试件的制作、养护管理

（1）用于检查结构质量的试件，应在浇筑（或砌筑）地点随机取样制作；每组试件所用的拌合物应从同一盘或同一车运送的混凝土中取出，对于预拌混凝土还应在卸料过程中卸料量的1/4～3/4之间采取。

（2）试件制作完后，应立即用纸条进行逐一标识，防止因试件较多造成标识混乱。

（3）试件拆模后应立即将标识写在试件上，杜绝现场存在无标识试件。标养试件应及时放入现场标养室内进行标准养护（现场未设标养室的项目，应及时送试验室标养。制作不规范的或编号不符合要求的试件不能进入标养室）。

（4）同条件试件应放在结构内与结构同条件养护，不得放在标养室中养护。

3. 有见证取样管理

（1）开工前会同监理单位选择具有见证资质的试验单位承担项目的有见证试验，每个单位工程只能选定一个有见证试验的检测机构。

（2）现场试验人员在建设单位或监理人员的见证下，对工程中涉及结构安全的试块、试件和材料进行现场取样，并填写《见证记录》。

（3）有见证取样项目和送检次数应符合国家和地方有关标准、法规的规定，重要工程或工程的重要部位可增加有见证取样和送检次数。

（4）见证取样和送检时，取样人员应在试样或其包装上作出标识、封志。标识和封志应标明样品名称和数量、工程名称、取样部位、取样日期，并有取样人和见证人的签字。

（四）现场试验室

（1）施工现场根据工程情况建立一定规模的试验室（标养室、试块制作间），并配备足够数量的试验设备，试验室分为内外间，内间为标养室，设置放置试块的架子。外间为操作间，设置振动台、烘箱、试模及拆模的器具等。标养室必须配备温湿度自控喷淋装置，喷嘴不得直对试件，避免直接冲淋试件。投入使用前需经公司技术管理部按照地方有关规定进行验收。

（2）现场应按工程规模配备专职试验员，建筑面积 2 万 m^2 以下的项目设 1 名试验员，2.5 万 m^2 的项目设 2 名试验员，5 万 m^2 以上的项目设 3 名试验员。工期有特殊要求的项目，可增加相应数量的试验员。

（3）现场试验员必须持集团及以上试验员岗位证书，方可上岗工作。

（五）试验方案及试验计划

现场试验方案及试验计划自收到正式施工图纸后，即开始组织编写。由于该方案的应用性贯穿全部施工过程，并且涉及工程所有需要检测的原材料的检验试验、工程施工过程中的试验检验标准和数量。一个好的试验方案，不仅有着很强的指导性，而且还能有效的避免多做、少做或漏做试验。

首先，这是一个需要各专业的人员同时参与编写的方案，各专业人员需要从施工图纸中找出所有需要试验检验的原材料，再根据图纸和规范的要求确定试验检验标准。其次，根据不同的施工流水段，确定不同时间点各段所需试验检验的数量、所用的原材料数量，如混凝土方量、直螺纹接头数量、防水材料数量等。最终，形成试验计划。

该方案的编写要求全面、细致，需要大量的时间来完成，所以尽量给该方案的编写留出时间。

试验方案的内容包括以下几方面（供参考）：

（1）工程概况

（2）设计要求

要体现工程试验涉及的各项指标，如材料名称、规格型号、应用部位等。

（3）预控计划

根据工程的工程量，依据图纸要求，依照标准，以及有关文件、法律、法规，原材试验、施工试验的规程、规范的要求，对现场试验作出一个预控计划，以便有条不紊地做好试验工作，真正做到把好原材及其制品的质量关，防止不合格的材料用于工程上，以确保工程质量。

（4）试验取样方法

（5）试验管理保证体系

（6）建立试验管理台账

（7）试验质量保证措施

（8）试验计划

九、工程资料管理

（一）施工资料管理概述

施工资料是施工单位在工程施工过程中所形成的全部资料。按其性质可分为：施工管理、施工技术、施工测量、施工物资、施工记录、施工试验、过程验收及工程竣工质量验收资料。施工资料管理工作是工程建设过程的一部分，应纳入建设全过程管理并与工程建设同步。档案资料室集中统一管理本工程全过程的技术档案资料，对工程文件材料的形成、积累、收集、归档工作进行监督、检查，并负责工程技术档案资料的接收和移交。

为了便于各个管理环节的衔接，档案资料室配备专职档案员，为更好地管理好档案资料，应配置必要的库房、档案装具、档案保护设施和办公设备。

工程建设中，各种技术资料交由档案资料室统一管理发放，各有关部门和单位指定专人办理领用手续。

（二）施工资料管理

1. 施工资料管理原则

（1）同步性原则

施工资料应保证与工程施工同步进行，随工程进度同步形成、收集和整理。

（2）有效性原则

施工资料应反映工程实际情况，内容应真实有效，字迹清晰、签字盖章完整齐全，严禁随意修改。

（3）可追溯性原则

可追溯性指通过记录和资料来追溯和验证产品的质量和产品责任的。对于工程建设来讲，主要是原材料、设备的来源和施工（安装）过程形成的资料要有可追溯性。涉及施工日志、物资质量证明文件、施工记录、施工试验资料、过程验收资料等。

（4）规范性原则

施工资料所反映的内容要准确，符合现行国家有关工程建设相关规范、标准及行业地方等规程的要求。

（5）时限性原则

施工资料的报验报审及验收应有时限的要求。

2. 施工资料的类别

工程资料按照其特性和形成、收集、整理的单位不同分为：基建文件、监理资料、施工资料和竣工图。其中施工资料是施工单位在工程施工过程中所形成的全部资料。

施工资料按其资料类别可分为：C1 施工管理资料、C2 施工技术资料、C3 施工测量资料、C4 施工物资资料、C5 施工记录、C6 施工试验资料、C7 过程验收资料、C8 竣工质量验收资料。

3. 施工资料整理要求

（1）施工资料应按单位工程各专业的分部分项工程施工进度同步整理。各专业施工资料用表统一格式。做到分类层次清楚、目录清晰、按序排列、内容齐全、查找方便。

（2）施工资料应按专业类别整理归档分别为：建筑与结构工程、基坑支护与桩基工程、钢结构工程、预应力工程、幕墙工程、建筑节能工程。

（三）施工资料编制

1. 施工资料的编号

（1）施工资料应按以下形式编号：

$$××—××—××—×××$$
$$\quad 1 \quad\quad 2 \quad\quad 3 \quad\quad 4$$

注：1 为分部工程代号（2 位），2 为子分部工程代号（2 位），3 为资料的类别编号（2 位），4 为顺序号，按资料形成时间的先后顺序从 001 开始逐张编号。

（2）分部工程中每个子分部工程，应根据资料的属性不同按资料形成的先后顺序分别编号；使用表格相同但检查项目不同时应按资料形成的先后顺序分别编号。

（3）对按单位工程管理，不属于某个分部、子分部工程的施工资料，其编号中分部、子分部工程代号用"00"代替。

（4）同一批物资用在两个以上分部、子分部工程中时，其资料编号中的分部、子分部工程代号按主要使用部位的分部、子分部工程代号填写。

2. C1 施工管理资料

（1）施工管理资料是在施工过程中形成的反映施工组织及监理审批等情况资料的统称。

主要内容有：施工现场质量管理检查记录、施工日志、企业资质证书及相关专业人员岗位证书、见证记录、工程技术文件报审表、工程动工报审表及施工过程中报监理审批的各种报验报审表。

（2）C1—2 施工日志

1）应全面准确记录在施工期内每一天的现场施工情况。

2）各专业工长应分别填写施工日志，记录本专业的施工部位、施工内容、施工机械、施工班组名称、作业人数、完成工作量。

3）施工日志应准确记录技术、安全、质量的各项活动情况。如班前安全交底活动的交底人、实际接受交底人数等；技术质量交底的交底人、交底的分项工程名称、接受交底人等；质量检查、评定验收的施工部位，检查评定的结论等。

4）施工日志应对试验、检测情况进行记录。如试验内容、试验部位或取样部位、试件数量、见证试验数量、检测名称、检测机构、检测部位等。

5）施工日志必须全面准确记录施工中出现的问题。如施工机械故障情况，天气等不可抗力的影响情况，人为因素的影响情况，停工情况等。

3. C2 施工技术资料

（1）施工组织设计及施工方案

1）施工组织设计

内容包括：编制依据、工程概况、施工部署、施工准备、主要施工方法、主要管理措施、施工总平面图。

应注意的问题：

①施工组织设计盖章应为公司法人章。

②施工组织设计未经公司审批，手续不全；施工组织设计应增加会签制度；方案审批、编制等应手写签字，不应机打。

③施工组织设计中必须有平面图、立面图和剖面图。

④施工组织设计应有合同编号；组织机构应有技术职称；方案编制计划应有编制人；碱骨料类别应清楚。

⑤施组编制依据中应增加"安全法规"、"专家论证"方面的内容。

⑥施组中应增加"安全专项方案"。

⑦施工组织设计中对导墙上口、后浇带、梁柱节点等特殊部位应提及。

⑧群塔的施工原则应有说明。

⑨新技术应用要按 10 项新技术按大项、子项分层列出。

2）施工方案

施工方案应包括的内容：编制依据、工程概况、施工准备、施工安排、主要施工方法、质量要求、其他要求。

（1）施工方案的分类：

①临水方案、临电方案、临建方案；

②管理方案：工程项目质量策划、环境管理方案、职业健康安全管理方案、各项应急预案（如安全事故、施工现场突发事件、防汛、火灾、卫生防疫等）、工程试验计划、冬期施工方案、雨期施工方案；

③地基基础工程：桩基施工方案、基坑支护方案、基坑监测方案、土方开挖方案、降水方案、大体积混凝土施工方案、地下防水工程施工方案、土方回填方案等；

④主体结构工程：钢筋工程施工方案、模板工程施工方案（危大方案单独编制）、混凝土工程施工方案、砌体结构工程施工方案、特殊结构工程施工方案、转换层施工方案；

⑤屋面工程施工方案；

⑥装饰装修工程：室内装饰装修工程施工方案（当装饰装修工程比较复杂时，还应编制子分部或分项工程的施工方案）；幕墙工程施工方案；厕浴间防水施工方案；

⑦测量施工方案、沉降观测施工方案；

⑧节能工程施工方案；

⑨专项安全方案：脚手架施工方案（危大方案单独编制）、高大模板支撑方案、大模板施工方案、井筒平台施工方案、卸料平台施工方案、外用电梯安装方案、外用电梯防护方案、塔吊安装拆除施工方案、群塔作业施工方案。

（2）C2-1 技术交底记录

技术交底的分类应层次清楚，包括施组交底、专项方案交底、分项工程技术交底、新技术和新工艺交底、设计变更交底共五类。

分项工程技术交底内容包括五方面内容：施工作业准备、施工操作工艺措施和主要工程做法、质量要求、成品保护、其他要求。

分项工程技术交底主要针对操作工人，是对施工方案的进一步深化，要区分不同施工部位，需要具有可操作性，不能照搬规范和方案，应有针对性的细化，将规范和方案中笼统的数据表示变成具体尺寸，以方便工人的施工、操作。

技术交底应具体、更应具操作性。如：模板交底中模板起拱高度须明确；冬期施工交底中出机温度与入模温度须写；混凝土交底中混凝土到场温度、到场时间、坍落度要明确；冬期施工交底中应有柱头、墙顶部保温措施。

注意增加交底：凡是有施工方案的都必须有交底。还应有泵送交底、试块养护室交底、检验和试验交底、外架子和卸料平台交底、大体积混凝土的养护、后浇带施工、钢筋加工交底、钢筋直螺纹交底等。

（3）C2-2 图纸会审记录、C2-3 设计变更通知单、C2-4 工程洽商记录

1）图纸会审记录、设计变更通知单、工程洽商记录应根据专业单独编制目录，防止出现丢失、遗漏等情况。

2）图纸会审记录应有建设、设计、监理和施工单位的项目相关负责人签字，设计单位应由专业设计负责人签字，其他单位应由项目技术负责人和相关负责人签字。

3）工程洽商应由项目资料员统一管理，原件应及时归档保存。相同工程如需用同一个洽商时，可使用复印件。

4. C3 施工测量资料

（1）C3-1 工程定位测量记录

依据测绘成果、单位工程楼座桩及场地控制网，测定建筑物平面位置、主控轴线及建筑物±0.000 标高的绝对高程。

（2）C3-2 基槽平面及标高实测记录

在垫层阶段，对建筑物基底外轮廓线、集水坑、电梯井坑、垫层标高、基槽断面尺寸和坡度等进行抄测。

（3）C3-3 楼层平面放线及标高实测记录

从垫层上防水保护层开始，每结构楼层进行墙柱轴线、边线、门窗洞口等测量放线，实测标高及建筑物各大角双向垂直度偏差。

（4）C3-4 楼层平面标高抄测记录

应在本层结构实体完成后抄测+0.500m（或+1.000m）标高线。

（5）C3-5 建筑物垂直度、标高测量记录

应在结构工程完成后和工程竣工时，对建筑物外轮廓垂直度和全高进行实测。

（6）沉降观测记录

1）沉降观测委托

沉降观测是一项技术性强、测量精度要求高的工作。根据设计要求和规范规定，凡需进行沉降观测的工程，应由建设单位委托有资质的测量单位进行施工过程中及竣工后的沉降观测工作。

2）需进行沉降观测的工程范围

①重要的工业与民用建筑物；

②20 层以上的高层建筑物；

③造型复杂的 14 层以上的高层建筑；

④对地基变形有特殊要求的建筑物；

⑤单桩承受荷载在 4000kN 以上的建筑物；

⑥使用灌注桩基础而设计与施工人员经验不足的建筑物；

⑦因施工（地质条件比较复杂的建筑物）、使用或科研要求（因地基变形或局部失稳而使结构产生裂缝或破损）进行沉降观测的建筑物；

⑧设计图纸中明确提出观测要求的建筑物。

3）沉降观测资料

沉降观测点位宜选设在下列位置：建筑的四角、核心筒四角、大转角处及沿外墙每 10～20m 处或每隔 2～3 根柱基上。高低层建筑、新旧建筑、纵横墙等交接处的两侧。建筑裂缝、后浇带和沉降缝两侧、基础埋深相差悬殊处、人工地基与天然地基接壤处、不同结构的分界处及填挖方交界处。

应提交的沉降观测资料及其要求：沉降观测方案；沉降观测技术报告：（包括概况、基准点和沉降点的布设、沉降观测、沉降观测数据及分析、结论）；建筑沉降是否进入稳定阶段，应由沉降量与时间关系曲线判定。当最后 100d 的沉降速率小于 0.01～0.04mm/d 时可以认为已进入稳定阶段。

5. C4 施工物资资料

施工物资资料是指放映工程施工所用物资质量和性能是否满足设计和使用要求的各种质量证明文件及相关配套文件的统称。主要内容有：各种质量证明文件、材料及构配件进场检验记录、各种材料的进场复试报告、预拌混凝土运输单等。

（1）产品质量证明文件

1）产品质量证明文件包括：产品合格证、质量合格证、产品型式检验报告、材料或产品性能检测报告、产品生产许可证、商检证明、中国强制认证（CCC）证书、计量设备检定证书、安装使用说明书以及市场准入制度要求的法定机构出具的有效证明文件等。质量证明文件的复印件应与原件内容一致，加盖原件存放单位公章，注明原件存放处，并有经办人签字和时间。

2）进口材料和设备应有商检证明、中文版的安装使用说明书及性能检测报告。

3）建筑工程上使用的电气产品、安全玻璃及国家规定的其他强制认证产品必须有"中国强制认证（CCC）"标志及认证证书，认证证书应在有效期内。

（2）施工物资资料的分级管理

工程物资资料应实行分级管理。供应单位或加工单位负责提供物资原材料的质量证明文件。工程物资进场复试由施工单位负责，质量证明文件和复试报告由施工单位负责收集、汇总及整理。各单位应对负责范围内的工程物资资料的真实完整性负责，并保证工程物资资料的可追溯性。

1）钢筋资料的分级管理

钢筋采用场外委托加工形式时，加工单位应保存钢筋的原材出厂质量证明、复试报告、接头连接试验报告等资料，并保存资料的可追溯性；加工单位必须向施工单位提供《半成品钢筋出厂合格证》（表C4-1），半成品钢筋进场后施工单位还应进行外观质量检查，如对质量产生怀疑或有其他约定时可进行力学性能和工艺性能的抽样复试。

2）混凝土资料的分级管理

预拌混凝土供应单位必须向施工单位提供以下资料：配合比通知单、预拌混凝土出厂合格证（32d内提供）、混凝土氯化物和碱总量计算书。

预拌混凝土供应单位除向施工单位提供上述资料外，还应保证以下资料的可追溯性：试配记录、水泥出厂合格证和试（检）验报告、砂和碎（卵）石试验报告、轻骨料试（检）验报告、外加剂和掺合料产品合格证和试（检）验报告、开盘鉴定、混凝土抗压强度报告（出厂检验混凝土强度值应填入预拌混凝土出厂合格证）、抗渗试验报告（试验结果应填入预拌混凝土出厂合格证）、混凝土坍落度测试记录（搅拌站测试记录）和原材料有害物含量检测报告。

施工单位应形成以下资料：混凝土浇灌申请书、混凝土抗压强度报告（现场检验）、抗渗试验报告（现场检验）、混凝土试块强度统计、评定记录（现场）。

采用现场搅拌混凝土方式的，施工单位应收集、整理上述资料中除预拌混凝土出厂合格证、预拌混凝土运输单之外的所有资料。

3）预制构件资料的分级管理

施工单位使用预制构件时、预制构件加工单位应保存各种原材料（如钢筋、钢材、钢丝、预应力筋、木材、混凝土组成材料）的质量合格证明、复试报告等资料以及混凝土、钢构件、木构件的性能试验报告和有害物含量检测报告等资料，并应保证各种资料的可追溯性；施工单位必须保存加工单位提供的《预制混凝土构件出厂合格证》《钢构件出厂合格证》其他构件合格证和进场后的试（检）验报告。

（3）新材料、新产品

凡使用的新材料、新产品，应由具备鉴定资格的单位或部门出具鉴定证书，同时具有产品质量标准和试验要求，使用前应按其质量标准和试验要求进行试验或检验。新材料、新产品还应提供安装、维修、使用和工艺标准等相关技术文件。

（4）C4-4 预拌混凝土出厂合格证、C4-5 预拌混凝土运输单

（5）C4-6 钢材试验报告

1）钢材的质量证明文件

厂家应提供：厂家及供货方资质材料、生产许可证、材质证明。

钢筋的材质证明为复印件时，应符合以下规定：

①有材质证明。材质证明书必须有原件存放处、抄件人、时间，并应加盖供货单位红章。另需注明进场时间、进场数量、使用部位、收料人。钢筋进场日期、进场数量要与进场复试报告相符合。宜刻成印章形式直接盖在材质证明书上，也可直接按项目标识在材质证明上，宜整齐、清晰。

②钢材进场检验时，首先核对出厂标牌与材质证明是否一致，同时收集出厂标牌，并复印在材质证明书的背面或单印。与进场检验（复试）报告放在一起。

③当材质证明书（合格证）上超过2个（含2个）炉批号时，应将实际进场的炉批号采用（√）的方式在材质证明书进行标识（出厂标牌号上的炉批号与材质证明书上炉批号

相对应）。

④通过核对收集的铁标牌与材质证明，确定是否能够按混合批进行复试，组成混合批的条件：同一牌号、同一冶炼方法、同一浇筑方法的不同炉罐号含碳量之差不大于0.02％，含锰量之差不大于0.15％。

2）复试报告

对施工中常用到的热轧带肋钢筋、热轧光圆钢筋、热轧圆盘条按照 GB 1499、GB 13013、GB/T 701 等规定的组批规则抽取试件作力学性能试验，复试结果必须满足相关标准要求后方可进行加工、使用。

钢筋进场时，应按国家现行相关标准的规定抽取试件作力学性能和重量偏差检验，检验结果必须符合有关标准的规定。

对有抗震设防要求的框架结构，其纵向受力钢筋的性能应满足设计要求；当设计无具体要求时，对一、二、三级抗震等级设计的框架和斜撑构件（含梯段）中的纵向受力钢筋应采用 HRB335E、HRB400E、HRB500E、HRBF335E、HRBF400E 或 HRBF500E 钢筋，其强度和最大力下总伸长率的实测值应符合下列规定：

①钢筋的抗拉强度实测值与屈服强度实测值的比值不应小于 1.25；

②钢筋的屈服强度实测值与屈服强度标准值的比值不应大于 1.3；

③钢筋的最大力下总伸长率不应小于 9％。

钢筋调直后应进行力学性能和重量偏差的检验，其强度应符合有关标准的规定。

（6）C4-7 水泥试验报告

1）水泥合格证

水泥必须有水泥生产单位提供的出场合格质量证明文件。质量证明文件应在水泥进场时提供，检验项目包括除 28d 强度以外的各项试验结果。28d 强度结果单应在水泥发出日起 32d 内补报。产品合格证应以 28d 抗压、抗折强度为准。

水泥进场后，项目物资、质量部门应及时组织进行外观、包装检查，核对进场数量，由项目材料员在质量证明文件上注明进场日期、进场数量和使用部位。

公章及复印件要求：出厂质量证明文件应具有水泥生产单位、材料供应单位公章。复印件应加盖原件存放单位公章、具有经办人签字和经办日期。

水泥出场合格质量证明文件内容应齐全，包括厂别、品种、强度等级、出场日期、出厂编号和厂家的试验数据。不得漏填或随意涂改。水泥进场时应对其品种、级别、包装或散装仓号、出厂日期等进行检查，并应对其强度、安定性及其他必要的性能指标进行复试。

2）水泥复验报告

水泥必须按规定的批量送检，做到先复验后使用。

水泥复验的必试项目包括：强度、安定性。

水泥进场复验验收批规定：

①散装水泥：对同一水泥厂生产的同期出厂的同品种、同强度等级的水泥，以一次进场的同一出厂编号的水泥为一批。但一批的总量不得超过 500t。

②袋装水泥：对同一水泥厂生产的同期出厂的同品种、同强度等级的水泥，以一次进场的同一出厂编号的水泥为一批。但一批的总量不得超过 200t；并按复验结果使用。

③存放期超过三个月的水泥（快硬水泥超过一个月），使用前必须按批量重新取样进行复验，并按复验结果使用。

（7）C4-8 砂试验报告、C4-9 碎（卵）石试验报告

1）混凝土细骨料中氯离子含量应符合下列规定：（参见 GB 50666）：

①对钢筋混凝土，按干砂的质量百分率计算不得大于 0.06%；

②对预应力混凝土，按干砂的质量百分率计算不得大于 0.02%。

2）民用建筑工程所使用的砂、石、砖、砌块、水泥、混凝土、混凝土预制构件等无机非金属建筑主体材料的放射性限量，应符合内照射指数 IRa ≤1.0；外照射指数 Ir ≤ 1.0。参见《民用建筑工程室内环境污染控制规范》GB 50325。

3）混凝土工程宜选用非碱活性骨料，骨料应进行碱活性检验。

（8）C4-10 外加剂试验报告、C4-11 掺和料试验报告

民用建筑工程所使用的能释放氨的阻燃剂、混凝土外加剂，氨的释放量不应大于 0.10%。参见《民用建筑工程室内环境污染控制规范》GB 50325。

（9）C4-12 防水涂料试验报告、C4-13 防水卷材试验报告

1）防水材料应有产品的合格证书、使用说明和性能检测报告。

2）防水工程必须由相应资质的专业防水队伍进行施工，主要施工人员应持有建设行政主管部门或其指定单位颁发的执业资格证书。

3）防水材料 100 卷以下抽 2 卷，100～499 卷抽 3 卷，500～1000 卷抽 4 卷，1000 卷以上抽 5 卷进行规格尺寸和外观质量检验。在外观质量检验合格的卷材中，任取一卷做物理性能检验。

4）地下工程用防水材料物理性能检验包括可溶物含量、拉力、延伸率、低温柔度、热老化后低温柔度、不透水性。参见《地下防水工程质量验收规范》GB 50208。

（10）C4-14 砖（砌块）试验报告

（11）C4-15 轻骨料试验报告

（12）C4-16 其他材料试验报告

（13）C4-17 材料、构配件进场检验记录

（14）装修材料

1）门、窗性能检测报告、建筑外窗应有三性试验报告；防火门窗的型式检验报告。

2）吊顶材料性能检测报告（包括放射性指标试验）。

3）石膏板材料性能检测报告（包括放射性指标试验）。

4）涂料性能检测报告（包括放射性指标试验）。

5）胶粘剂性能检测报告（包括放射性指标试验）。

6）防火（防腐）涂料性能检测报告（包括放射性指标试验）。

7）隔声/隔热/阻燃/防潮材料特殊性能检测报告。

8）外墙陶瓷面砖性能检测报告、吸水率及寒冷地区的抗冻性复验。

9）花岗岩石材或瓷质砖性能检测报告、放射性指标复验。

10）人造木板及饰面人造木板性能检测报告、游离甲醛含量或释放量复验。

11）现场应用纺织织物、木质材料、高分子合成材料、复合材料、其他材料时，应对以下材料进场进行见证取样检验：参见《建筑内部装修防火施工及验收规范》GB 50354。

B1、B2 级纺织织物（毛毯、墙布等），现场对纺织织物进行阻燃处理所使用的阻燃剂。

B1 级木质材料，B1、B2 级高分子合成材料，B1、B2 级复合材料，现场进行阻燃处理所使用的阻燃剂及防火涂料。其他材料的 B1、B2 级材料（其他材料可包括防火封堵材料和防火门窗、钢结构装修的材料）。

（15）钢结构材料

1）钢结构用钢材复试报告（GB 50205）。

对属于下列情况之一的钢材，应进行抽样复验，其复验结果应符合现行国家产品标准和设计要求。

①国外进口钢材；

②钢材混批；

③板厚等于或大于 40mm，且设计有 Z 向性能要求的厚板；

④建筑结构安全等级为一级，大跨度钢结构中主要受力构件所采用的钢材；

⑤设计有复验要求的钢材；

⑥对质量有疑义的钢材。

2）C4-3 钢构件出厂合格证

3）防火涂料性能检测报告

4）钢结构用焊接材料检测报告、复试报告

重要钢结构采用的焊接材料应进行抽样复验，复验结果应符合现行国家产品标准和设计要求（GB 50205）。

5）高强度大六角头螺栓连接副扭矩系数检测报告

钢结构连接用高强度大六角头螺栓连接副、扭剪型高强度螺栓连接副、钢网架用高强度螺栓、普通螺栓、铆钉、自攻钉、拉铆钉、射钉、锚栓（机械型和化学试剂型）、地脚锚栓等紧固标准件及螺母、垫圈等标准配件，其品种、规格、性能等应符合现行国家产品标准和设计要求。高强度大六角头螺栓连接副和扭剪型高强度螺栓连接副出厂时应分别随箱带有扭矩系数和紧固轴力（预拉力）的检验报告。

6）钢结构用高强度螺栓连接副复试报告（大六角头）

（16）幕墙材料

1）幕墙用钢材：钢材质保书、检测报告。

2）幕墙用铝合金材料

铝合金材料质保书、检测报告；铝合金材料复试报告。

立柱和横梁等主要受力构件其截面受力部分的壁厚应经计算确定且铝合金型材壁厚不应小于 3.0mm，钢型材壁厚不应小于 3.5mm。参见《建筑装饰装修工程质量验收规范》GB 50210。

3）幕墙用保温、防火材料

提供保温、防火材料合格证、型式检验报告、性能检测报告、保温、防火材料复试报告。

幕墙的防火除应符合现行《国家标准建筑设计防火规范》GBJ 16 和《高层民用建筑设计防火规范》GB 50045 的有关规定外还应符合下列规定：（参见《建筑装饰装修工程质量验收规范》GB 50210）。

① 应根据防火材料的耐火极限决定防火层的厚度和宽度并应在楼板处形成防火带。

② 防火层应采取隔离措施防火层的衬板应采用经防腐处理且厚度不小于 1.5mm 的钢板不得采用铝板。

③ 防火层的密封材料应采用防火密封胶。

④ 防火层与玻璃不应直接接触一块玻璃不应跨两个防火分区。

4）幕墙用硅酮结构胶

硅酮胶质量证明文件及性能检测报告、幕墙用结构胶复试报告、双组分硅酮胶混匀性和拉断试验记录。

进口硅酮结构胶的商检证（报关单）。国家指定检测机构出具的硅酮结构胶的相容性和剥离粘结性试验报告。

硅酮结构密封胶和硅酮建筑密封胶必须在有效期内使用。

玻璃幕墙用硅酮结构胶的现场复试报告（邵氏硬度、拉伸粘接强度、相容性）。

隐框半隐框幕墙所采用的结构粘结材料必须是中性硅酮结构密封胶，其性能必须符合《建筑用硅酮结构密封胶》GB 16776 的规定硅酮结构密封胶必须在有效期内使用。参见《建筑装饰装修工程质量验收规范》GB 50210。

5）幕墙用石材

石材质量保证书、检测报告；石材抗冻性能、弯曲强度、放射性等复试报告；石材用结构胶的粘接强度；石材用密封胶的耐污染性试验报告。参见《金属与石材幕墙工程技术规范》JGJ 133。

花岗石板材的弯曲强度应经法定检测机构检测确定，其弯曲强度不应小于 8.0MPa。

6）幕墙用玻璃

玻璃质量保证书、检测报告；防火玻璃型式检验报告；安全玻璃复试报告；中空玻璃露点复试报告。

玻璃幕墙使用的玻璃应符合下列规定（GB 50210）：

① 幕墙应使用安全玻璃玻璃的品种规格颜色光学性能及安装方向应符合设计要求。

② 幕墙玻璃的厚度不应小于 6.0mm。全玻幕墙肋玻璃的厚度不应小于 12mm。

③ 幕墙的中空玻璃应采用双道密封。明框幕墙的中空玻璃应采用聚硫密封胶及丁基密封胶。

④ 隐框和半隐框幕墙的中空玻璃应采用硅酮结构密封胶及丁基密封胶；镀膜面应在中空玻璃的第 2 或第 3 面上。

⑤ 幕墙的夹层玻璃应采用聚乙烯醇缩丁醛（PVB）胶片干法加工合成的夹层玻璃。点支承玻璃幕墙夹层玻璃的夹层胶片（PVB）厚度不应小于 0.76mm。

⑥ 钢化玻璃表面不得有损伤；8.0mm 以下的钢化玻璃应进行引爆处理。

⑦ 所有幕墙玻璃均应进行边缘处理。

7）幕墙用化学螺栓：化学螺栓质量保证书、检测报告。

8）幕墙用焊接材料：焊接材料质量保证书、检测报告。

9）幕墙用热浸镀锌件：热浸镀锌件质量保证书、检测报告。

10）幕墙用橡胶条、泡沫条、垫块：橡胶条、泡沫条、垫块质量保证书、检测报告。

11）幕墙用密封胶

密封胶质量保证书、检测报告；石材用密封胶污染性试验报告；石材用结构胶粘结强度试验报告。

同一幕墙工程应采用同一品牌的单组分或双组分的硅酮密封胶，并应有保质年限的质量证书。用于石材幕墙的硅酮结构密封胶还应有证明无污染的试验报告。

同一幕墙工程应采用同一品牌的硅酮结构密封胶和硅酮耐候密封胶配套使用。参见《金属与石材幕墙工程技术规范》JGJ 133。

12）幕墙用金属板、铝塑板

金属板、铝塑板质量保证书、检测报告；铝塑板复试报告。

幕墙工程应对下列材料及其性能指标进行复验（GB 50210）：

① 铝塑复合板的剥离强度。

② 石材的弯曲强度寒冷地区石材的耐冻融性室内用花岗石的放射性。

③ 玻璃幕墙用结构胶的邵氏硬度标准条件拉伸粘结强度相容性试验石材用结构胶的粘结强度石材用密封胶的污染性。

13）幕墙用五金产品：五金产品质量保证书、检测报告；连接件产品合格证；门窗配件的产品合格证；螺栓、螺母、滑撑、限位器等合格证；铆钉力学性能检验报告。

14）幕墙用双面胶条：双面胶条质量保证书、检测报告。

（17）建筑节能材料

1）墙体节能工程

墙体节能工程使用的保温隔热材料，其导热系数、密度、抗压强度或压缩强度、燃烧性能应符合设计要求。

墙体节能工程采用的保温材料和粘结材料等，进场时应对其下列性能进行复验，复验应为见证取样送检：

① 保温材料的导热系数、密度、抗压强度或压缩强度、燃烧性能；

② 粘结材料的粘结强度；

③ 增强网的力学性能、抗腐蚀性能。

检验方法：随机抽样送检，核查复验报告。

检查数量：同一厂家同一品种的产品，当单位工程建筑面积在 20000m² 以下时各抽查不少于 3 次；当单位工程建筑面积在 20000m² 以上时各抽查不少于 6 次。

2）幕墙节能工程

幕墙节能工程使用的保温隔热材料，其导热系数、密度、燃烧性能应符合设计要求。幕墙玻璃的传热系数、遮阳系数、可见光透射比、中空玻璃露点应符合设计要求。

幕墙节能工程使用的材料、构件等进场时，应对其下列性能进行复验，复验应为见证取样送检：

① 保温材料：导热系数、密度；

② 幕墙玻璃：可见光透射比、传热系数、遮阳系数、中空玻璃露点；

③ 隔热型材：抗拉强度、抗剪强度。

检验方法：进场时抽样复验，验收时核查复验报告。

检查数量：同一厂家的同一种产品抽查不少于一组。

3）门窗节能工程

建筑外窗的气密性、保温性能、中空玻璃露点、玻璃遮阳系数和可见光透射比应符合设计要求。

检验方法：核查质量证明文件和复验报告。

检查数量：全数检查。

建筑外窗进入施工现场时，应按地区类别对其下列性能进行复验，复验应为见证取样送检：

① 严寒、寒冷地区：气密性、传热系数和中空玻璃露点；

② 夏热冬冷地区：气密性、传热系数玻璃遮阳系数、可见光透射比、中空玻璃露点；

③ 夏热冬暖地区：气密性、玻璃遮阳系数、可见光透射比、中空玻璃露点。

检验方法：随机抽样送检；核查复验报告。

检查数量：同一厂家的同一品种同一类型的产品抽查不少于3樘（件）。

4）屋面节能工程

屋面节能工程使用的保温隔热材料，其导热系数、密度、抗压强度或压缩强度、燃烧性能应符合设计要求。

检验方法：核查质量证明文件及进场复验报告。

检查数量：全数检查。

屋面节能工程使用的保温隔热材料，进场时应对其导热系数、密度、抗压强度或压缩强度、燃烧性能进行复验，复验应为见证取样送检。

检验方法：随机抽样送检，核查复验报告。

检查数量：同一厂家同一品种的产品各抽查不少于3组。

5）地面节能工程

地面节能工程使用的保温材料，其导热系数、密度、抗压强度或压缩强度、燃烧性能应符合设计要求。

检验方法：核查质量证明文件和复验报告。

检查数量：全数检查。

地面节能工程采用的保温材料，进场时应对其导热系数、密度、抗压强度或压缩强度、燃烧性能进行复验，复验应为见证取样送检。

检验方法：随机抽样送检，核查复验报告。

检查数量：同一厂家同一品种的产品各抽查不少于3组。

6. C5 施工记录

（1）C5-1 隐蔽工程验收记录

1）隐蔽工程检查记录的作用

隐蔽工程检查记录是记载、反映工程内在质量、施工过程的重要技术资料，是工程内在质量的真实写照。通过隐蔽工程检查记录，应该可以全面、准确地了解已经被隐蔽的各个工程部位所使用的材料是否符合设计要求、施工方法（施工工艺）是否符合有关技术标准的要求、施工质量是否已达到质量验收规范的规定的标准。

隐蔽工程检查记录的另一个重要作用就是当工程质量出现问题或工程各方因工程质量发生纠纷、异议时，是证明工程内在质量的重要证据。

2）隐蔽工程检查记录的隐检项目

地基与基础工程与主体结构工程的隐检：

① 土方工程：基槽、房心回填前检查基底清理、基底标高情况等。

② 支护工程：检查锚杆、土钉的品种、规格、数量、位置、插入长度、钻孔直径、深度和角度等。检查地下连续墙的成槽宽度、深度、垂直度、钢筋笼规格、位置、槽底清理、沉渣厚度等。

③ 桩基工程：检查钢筋笼规格、尺寸、沉渣厚度等。

④ 地下防水工程：检查混凝土变形缝、施工缝、后浇带、穿墙套管、埋设件等设置的形式和构造。人防出口止水做法。防水层基层、防水材料规格、厚度、铺设方式、阴阳角处理、搭接密封处理等。

⑤ 结构工程隐蔽记录（基础、主体）：检查用于绑扎的钢筋品种、规格、数量、位置、锚固和接头位置、搭接长度、保护层厚度和除锈、除污情况、钢筋代用变更及胡子筋处理等。检查钢筋连接型式、连接种类、接头位置、数量及焊条、焊剂、焊口形式、焊缝长度、厚度及表面清渣和连接质量等。

⑥ 钢结构工程：检查地脚螺栓规格、位置、埋设方法、紧固等。

建筑装饰装修工程的隐检：

① 地面工程：检查各基层（垫层、找平层、隔离层、防水层、填充层、地龙骨）材料品种、规格、铺设厚度、方式、坡度、标高、表面情况、密封处理、粘结情况等。

② 厕浴间防水：地面各基层。

③ 抹灰工程：具有加强措施的抹灰应检查其加强构造的材料规格、铺设、固定、搭接等。

④ 门窗工程：检查预埋件和锚固件、螺栓等的规格数量、位置、间距、埋设方式、与框的连接方式、防腐处理、缝隙的嵌填、密封材料的粘结等。

⑤ 吊顶工程：检查吊顶龙骨及吊件材质、规格、间距、连接方式、规定方法、表面防火、防腐处理、外观情况、接缝和边缝情况、填充和吸声材料的品种、规格、铺设、固定情况等。

⑥ 幕墙工程：检查构件之间以及构件与主体结构的连接节点的安装及防腐处理；幕墙四周、幕墙与主体结构之间间隙节点的处理、幕墙防雷接地节点的安装等。

建筑屋面工程的隐检：

检查基层、找平层、保温层、防水层、隔离层材料的品种、规格、厚度、铺贴方式、搭接宽度、接缝处理、粘结情况；附加层、天沟、檐沟、泛水和变形缝细部做法、隔离层设置、密封处理部位等。

建筑节能工程的隐检：

检查墙体节能工程、幕墙节能工程、门窗节能工程、屋面节能工程、地面节能工程、采暖节能工程、通风与空调节能工程、空调与采暖系统冷热源及管网节能工程涉及的隐检项目。

3）隐蔽工程检查记录的编制

编制依据充分的原则

隐蔽工程检查记录的编制依据也是隐蔽工程检查验收的依据，所以一项隐蔽工程验收记录编制得是否可信，是否能够成为工程内在质量的有力证明，检查验收依据是关键。其一是设计的要求，就是在编制隐蔽工程验收记录时明确记录设计施工图的编号，如果该部分有设计变更或洽商，亦应一并记录；其二是施工执行的技术标准，应填写所执行的技术标准编号；其三是质量验收规范的规定，应填写质量验收规范的编号。

文字描述简练、确切的原则

由于隐蔽工程验收记录的篇幅有限，而需要描述、记录的内容又要全面、准确，所以在编制隐蔽工程验收记录时文字描述务必简练、明了，但必须描述确切不得令他人产生歧义。

数据准确、翔实的原则

隐蔽工程检查记录中所记载的数据必须准确无误，并应做到尽可能翔实，也就是通常所说的"以数据说话"。所以必须在隐蔽工程检查记录中记载施工完成后的各项实际数据，而且不可以规范、技术标准的规定数值代替实际检查、量测的实物数据。

隐蔽记录唯一性的原则

一张隐蔽工程验收记录只能对应工程中唯一一处被隐蔽工程，所以必须准确描述被隐蔽工程所在的位置，应以楼层、轴线或在楼层中的相对标高等，对被隐蔽工程的空间位置进行准确的定位。不得令他人进行猜测。

检查、记录全面的原则

一项隐蔽工程的检查往往涉及不止一方面内容，在编制隐蔽工程检查记录时，应对涉及的所有方面均应进行详细准确的记录和描述，不可挂一漏万。归纳起来主要有：

① 隐蔽工程的材料是否符合设计要求；

② 隐蔽材料的性能是否符合设计及质量验收规范的规定；

③ 隐蔽工程材料的数量是否符合设计要求；

④ 隐蔽工程的位置是否符合设计要求；

⑤ 隐蔽工程的施工方法是否正确；

⑥ 隐蔽前应进行的各项检测试验是否已经完成并已合格等。

（2）C5-2 交接检查记录

不同专业施工单位之间应进行工程交接检查。

（3）C5-3 地基验槽记录、C5-4 地基处理记录

1）地基验槽记录中要求对地基进行处理的，必须进行地基处理并填写地基处理记录。

2）设计变更应有设计人或委托人的签章手续记录。

3）地基处理记录中应附图，填土层数应明确。

4）地基处理后的验收应经验槽各方共同参与或地基验槽记录中明确的验收单位验收通过，并在地基处理记录上签字。

（4）C5-5 地基钎探记录

地基钎探记录（应附图），钎探平面图上要有项目统一的图框和指北针，签字须齐全。钎探图上须标轴线；图中标出钎探点与现场一致。

钎探记录表格中的所有内容每页要填写且签字要齐全。

（5）C5-7 混凝土拆模申请单

1）竖向结构应有拆模申请制度。拆模申请（墙、柱）中应有日期和时间，墙柱拆模应以小时计。应符合 GB 50204 要求。

冬期施工期间，模板和保温层在混凝土达到要求强度并冷却到 5 ℃后方可拆除。

2）底模及其支架拆除时的混凝土强度应符合设计要求；当设计无具体要求时，混凝土强度应符合 GB 50204 要求。见表 9-1。

表 9-1

结构类型	结构跨度（m）	达到设计的混凝土抗压强度标准值的百分率（%）
板	≤2	50
	>2，≤8	75
	>8	100
梁	≤8	75
	>8	100
悬臂构件	—	100

（6）C5-9 混凝土养护测温记录

1）在达到临界受冻强度（−14 度以上，C50 以下混凝土 4MPa）前每 4～6h 测一次；

2）混凝土达到临界强度即可停止测温。

（7）C5-10 大体积混凝土养护测温记录（应附图）

1）测温频率是：第一天到第四天，每 4h 不应少于一次；第五天到第七天，每八个小时不应少于一次；第七天到测温结束，每 12h 不应少于一次。

2）混凝土浇筑体表面以内 40～100mm 位置的温度与环境温度的差值小于 20℃时，可停止测温。参见《混凝土结构施工规范》GB 50666。

3）大体积混凝土测温孔上在底板顶面下 50mm，中在底板顶面 500mm，下在底板底面以上 50mm。参见《大体积混凝土施工规范》GB 50496。

（8）C5-13 地下工程防水效果检查记录

地下工程验收时，应对地下工程有无渗漏现象进行检查，检查内容包括裂缝、渗漏部位、大小、渗漏情况及处理意见。

（9）C5-14 防水工程试水检查记录

有防水要求的房间和屋面工程在防水层和保护层完工后按标准分别做蓄水或淋水性能试验。淋水试验一般用雨后观测替代；蓄水试验时间不得小于 24h。

（10）C5-19 施工检查记录

1）钢筋加工：依据图纸、交底要求，按照大样图在加工地点按批量检查钢筋加工中的弯折点位置、接头质量、箍筋、马凳、水平和竖向梯子筋、框架柱和暗柱定位框、双 F 卡、砂浆和塑料保护层垫块质量等。

2）非防水混凝土施工缝结构施工：依据图纸、规范和方案要求，分别检查各种部位施工缝的位置及处理。

3）钢结构工程：制作焊接记录；安装焊接记录；钢结构制作外观尺寸检查记录；焊钉焊接记录；劲性柱预拼装记录；高强螺栓连接检查记录；钢构件加工记录；钢桁架预拼装记录；压型金属板记录；高强螺栓连接记录；防腐涂料和防火涂料检查记录等。

4）幕墙工程：制作焊接、安装焊接和钢结构制作外观尺寸检查记录；幕墙安装检查质量记录表。

（11）C5-12 焊接材料烘焙记录

焊条、焊丝、焊剂、电渣焊熔嘴等焊接材料与母材的匹配应符合设计要求及国家现行行业标准《建筑钢结构焊接技术规程》JGJ 81 的规定。焊条、焊剂、药芯焊丝、熔嘴等在使用前，应按其产品说明书及焊接工艺文件的规定进行烘焙和存放。参见 GB 50205。

（12）幕墙注胶检查记录

硅酮结构密封胶应打注饱满并应在温度 15～30 ℃相对湿度 50％以上洁净的室内进行不得在现场墙上打注。参见《建筑装饰装修工程质量验收规范》GB 50210。

（13）幕墙淋水试验记录

玻璃幕墙应无渗漏；金属幕墙应无渗漏石材幕墙应无渗漏。检验方法：在易渗漏部位进行淋水检查。

7. C6 施工试验记录

（1）C6-1 土工击实试验报告

1）设计有压实系数要求的，应先取土样进行击实试验，确定最大干密度和最优含水量，并根据设计提出的压实系数计算出填料的控制干密度，再进行干密度取样试验。

2）设计无压实系数要求且无干密度要求的，依据规范选择压实系数，再取土样进行击实试验，确定填料的控制干密度后，再进行干密度取样。

（2）C6-2 回填土试验报告（应附图）

（3）C6-3 钢筋连接试验报告

1）钢筋接头性能等级

接头应根据抗拉强度、残余变形以及高应力和大变形条件下反复拉压性能的差异，分为下列三个性能等级：

Ⅰ级接头抗拉强度等级等于被连接钢筋的实际拉断强度或不小于 1.10 倍钢筋抗拉强度标准值，残余变形小并具有高延性及反复拉压性能。

Ⅱ级接头抗拉强度不小于被连接钢筋抗拉强度标准值，残余变形较小并具有高延性及反复拉压性能。

Ⅲ级接头抗拉强度不小于被连接钢筋屈服强度标准值的 1.25 倍，残余变形较小并具有一定的延性及反复拉压性能。

工程中应用钢筋机械接头时，应由该技术提供单位提交有效的型式检验报告。

2）工艺检验

钢筋连接工程开始前，应对不同钢筋生产厂的进场钢筋进行接头工艺检验；施工过程中，更换钢筋生产厂时，应补充进行工艺检验。工艺检验应符合下列规定：

① 每种规格钢筋的接头试件不应少于 3 根；

② 每根试件的抗拉强度和 3 根接头试件的残余变形的平均值均应符合本规程表 3.05 和表 3.07 的规定；

③ 接头试件在测量残余变形后可再进行抗拉强度试验，并宜按本规程附录 A 表 A1.3 中的单向拉伸加载制度进行试验；

④ 第一次工艺检验中 1 根试件抗拉强度或 3 根试件的残余变形平均值不合格时，允许再抽 3 根试件进行复验，复验仍不合格时判为工艺检验不合格。

3）现场检验

接头的现场检验应按验收批进行。同一施工条件下采用同一批材料的同等级、同型式、同规格接头，以 500 个为一个验收批进行检验与验收，不足 500 个也作为一个验收批。

对接头的每一验收批，必须在工程结构中随机截取 3 个接头试件作抗拉强度试验，按设计要求的接头等级进行评定。当 3 个接头试件的抗拉强度均符合本规程表 3.0.5 中相应等级的强度要求时，该验收批应评为合格。如有 1 个试件的抗拉强度不符合要求，应再取 6 个试件进行复检，复检中如仍有 1 个试件的抗拉强度不符合要求，则该验收批应评为不合格。

现场检验连续 10 个验收批抽样试件抗拉强度试验 1 次合格率为 100％时，验收批接头数量可以扩大 1 倍（表明施工质量处于优良且稳定的状态，扩大 1 倍，以不大于 1000 个为一批，以减少检验工作量）。

现场截取抽样试件后，原接头位置的钢筋可采用同等规格的钢筋进行搭接连接，或采用焊接及机械连接方法补接。

对抽检不合格的接头验收批，应由建设方会同设计等有关方面研究后提出处理方案。

（4）C6-7 混凝土配合比、通知单

设计使用年限为 50 年的混凝土结构，其混凝土材料宜符合表 4-2 规定。参见《建筑结构设计规范》GB 50010。

结构混凝土耐久性的基本要求

表 9-2

环境 类别		最大水胶比	最低混凝土 强度等级	最大氯离子 含量（％）	最大碱含量 （kg/m³）
一		0.60	C20	0.30	不限制
二	a	0.55	C25	0.20	3.0
	b	0.50（0.55）	C30（C25）	0.15	
三	a	0.45（0.50）	C35（C30）	0.15	
	b	0.40	C40	0.10	

预应力构件混凝土中的最大氯离子含量为 0.06％；其最低混凝土强度等级宜按表中的规定提高两个等级。

素混凝土构件的水胶比及最低混凝土强度等级的要求可适当放松；当有可靠工程经验时，二类环境中的最低混凝土强度等级可降低一个等级；处于严寒和寒冷地区二 b、三 a 类环境中的混凝土应使用引气剂，并可采用括号中的有关参数；当使用非碱活性骨料时，对混凝土中的碱含量可不作限制。

（5）C6-8 混凝土抗压强度试验报告

1）混凝土抗压强度试验报告包括标养 28d 试块、结构实体检验用同条件养护试块、顶板拆模用同条件养护试块、冬期施工临界强度试块、冬期施工同条件 28d 转标养 28d 试块。

2）用于检查结构构件混凝土强度的试件留置应符合下列规定：

① 每拌制 100 盘且不超过 100m³ 的同配合比的混凝土，取样不得少于一次；

② 每工作班拌制的同一配合比的混凝土不足 100 盘时，取样不得少于一次；

③ 当一次连续浇筑超过 1000m³ 时，同一配合比的混凝土每 200m³，取样不得少于一次；

④ 每一楼层、同一配合比的混凝土，取样不得少于一次；当每层建筑地面工程面积大于 1000m²，每增加 1000m² 应增做 1 组试块；小于 1000m² 按 1000m² 计算，取样 1 组；

⑤ 检验同意施工批次、同一配合比的散水、明沟、踏步、台阶、坡道的水泥混凝土的试块，应按每 150 延长米不少于 1 组；

⑥ 每次取样应至少留置一组标准养护试件；

⑦ 同条件养护试件的留置组数应根据实际需要确定，供结构构件拆模、出池、吊装及施工期间临时负荷确定混凝土强度用；

⑧ 留置适量的结构实体检验用同条件养护试件；

⑨ 冬期施工的混凝土试件的留置，除应符合上述规定外，还应增设不少于两组与结构同条件养护的试件，包括检验混凝土抗冻临界强度和与工程同条件养护 28d 再转标准养护 28d 强度试件。

3) 结构实体检验用同条件养护试件强度检验

同条件养护试件的留置方式和取样数量，应符合下列要求：

① 同条件养护试件所对应的结构构件或结构部位，应由监理（建设）、施工等各方共同选定；

② 对混凝土结构工程中的各混凝土强度等级，均应留置同条件养护试件；

③ 同一强度等级的同条件养护试件，其留置数量应根据混凝土工程量和重要性确定，不宜少于 10 组，且不应少于 3 组；

④ 同条件养护试件拆模后，应放置在靠近相应结构构件或结构部位的适当位置，并应采取相同的养护方法。

同条件自然养护试件的等效养护龄期及相应的试件强度代表值，宜根据当地的气温和养护条件，按下列规定确定：等效养护龄期可取按日平均温度逐日累计达到 600℃·d 时所对应的龄期，0℃ 及以下的龄期不计入；等效养护龄期不应小于 14d，也不宜大于 60d。

(6) C6-9 混凝土试块强度统计、评定记录

1) 混凝土强度统计评定地下、地上要分开评定（如桩基础、地基基础、主体结构、砌筑结构），地上可按一定的层数评定。

2) 抗渗混凝土的抗压强度与普通混凝土要分开评定。

3) 预拌混凝土与现场搅拌混凝土要分开评定。

(7) C6-10 混凝土抗渗试验报告

1) 抗渗试块留置：对于有抗渗要求的混凝土结构，除按规定留置标养试块外，还应留置抗渗试块：连续浇筑混凝土每 500m³ 应留置一组抗渗试件（一组为 6 个抗渗试件）且每项工程不得少于两组。采用预拌混凝土的抗渗试件，留置组数应视结构的规模和要求而定。

2) 除了留置抗渗试块的标准养护试件，冬期施工掺防冻剂的抗渗混凝土应留置同条件养护 28d 再转标准养护 28d 抗渗试件，试验龄期不超过 90d。

3) 混凝土抗渗试验报告注意事项：

防水混凝土抗渗性能，应采用标准条件下养护混凝土抗渗试件的试验结果评定。试件

应在浇筑地点制作。

对于单位工程抗渗混凝土试件留置部位和组数，应由项目技术部门在相关的方案中予以明确。

抗渗混凝土的抗渗试件试验结果不合格时，应由设计单位拿出解决方案。

（8）C6-11 饰面砖粘结强度试验报告

1）用于外墙饰面工程的陶瓷砖、玻璃马赛克等材料，统称为外墙饰面砖。

2）现场镶贴的外墙饰面砖工程，每 300m² 同类墙体取一组试样，每组检测三个试件并且每一楼层不得少于一组；不足 300m² 同类墙体，每两楼层取一组试件，每组检测三个试件。

3）采用水泥砂浆或水泥浆粘结时，应在水泥砂浆或水泥浆龄期达到 28d 时进行检测，当在 7d 或 14d 进行检测时，应通过对比试验确定粘结强的修正系数。

参见《建筑工程饰面砖粘结强度检验标准》JGJ 110。

（9）后置埋件拉拔试验报告

同规格，同型号，基本相同部位的锚栓组成一个检验批。抽取数量按每批锚栓总数的 1‰ 计算，且不少于 3 根。参见《混凝土结构后锚固技术规程》JGJ 145。

（10）钢结构工程施工试验记录

1）钢结构焊接工艺评定（GB 50205）

施工单位对其首次采用的钢材、焊接材料、焊接方法、焊后热处理等，应进行焊接工艺评定，并应根据评定报告确定焊接工艺。

2）C6-12 超声波探伤报告

3）C6-13 超声波探伤记录

① 设计要求全焊透的一、二级焊缝应采用超声波探伤进行内部缺陷的检验，超声波探伤不能对缺陷作出判断时，应采用射线探伤，其内部缺陷分级及探伤方法应符合现行国家标准《钢焊缝手工超声波探伤方法和探伤结果分级法》GB 11345 或《钢熔化焊对接接头射线照相和质量分级》GB 3323 的规定。

② 焊接球节点网架焊缝、螺栓球节点网架焊缝及圆管 T、K、Y 形节点相关线焊缝，其内部缺陷分级及探伤方法应分别符合国家现行标准《焊接球节点钢网架焊缝超声波探伤方法及质量分级法》JBJ/T3034.1；《螺栓球节点钢网架焊缝超声波探伤方法及质量分级法》JBJ/T 3034.2；《建筑钢结构焊接技术规程》JG J81 的规定。

③ 一级、二级焊缝的质量等级及缺陷分级应符合表 9-3。

一、二级焊缝质量等级及缺陷分级

4）摩擦面抗滑移系数试验报告和复验报告

钢结构制作和安装单位应按规范规定分别进行高强度螺栓连接摩擦面的抗滑移系数试验和复验，现场处理的构件摩擦面应单独进行摩擦面抗滑移系数试验，其结果应符合设计要求。

5）钢结构涂料厚度检测报告（GB 50205）

钢结构防火涂料的粘结强度、抗压强度应符合国家现行标准《钢结构防火涂料应用技术规程》CECS 24：90 的规定。检验方法应符合现行国家标准《建筑构件防火喷涂材料性能试验方法》GB 9978 的规定。检查数量：每使用 100t 或不足 100t 薄涂型防火涂料应抽检一次粘结强度；每使用 500t 或不足 500t 厚涂型防火涂料应抽检一次粘结强度和抗压强度。

表 9-3

焊缝质量等级		一级	二级
内部缺陷 超声波探伤	评定等级	Ⅱ	Ⅲ
	检验等级	B 级	B 级
	探伤比例	100%	20%
内部缺陷 射线探伤	评定等级	Ⅱ	Ⅲ
	检验等级	AB 级	AB 级
	探伤比例	100%	20%

注：探伤比例的计数方法应按以下原则确定：（1）对工厂制作焊缝，应按每条焊缝计算百分比，且探伤长度应不小于 200mm，当焊缝长度不足 200mm 时，应对整条焊缝进行探伤；（2）对现场安装焊缝，应按同一类型、同一施焊条件的焊缝条数计算百分比，探伤长度应不小于 200mm，并应不少于 1 条焊缝。

薄涂型防火涂料的涂层厚度应符合有关耐火极限的设计要求。厚涂型防火涂料涂层的厚度，80% 及以上面积应符合有关耐火极限的设计要求，且最薄处厚度不应低于设计要求的 85%。检查数量：按同类构件数抽查 10%，且均不应少于 3 件。

（11）幕墙工程施工试验记录

1）幕墙后置埋件拉拔试验报告

同规格，同型号，基本相同部位的锚栓组成一个检验批。抽取数量按每批锚栓总数的 1‰ 计算，且不少于 3 根。参见《混凝土结构后锚固技术规程》JGJ 145。

2）幕墙保温板与基层粘结性能检测报告

3）幕墙双组分硅酮结构胶的混匀性试验记录及拉断试验记录

4）幕墙性能检测报告

5）幕墙焊接连接工艺试验检验报告

（12）节能工程施工试验记录

1）墙体节能工程

墙体节能工程的施工，保温板与基层及各构造层之间的粘结或连接必须牢固。粘结强度和连接方式应符合设计要求。保温板材与基层的粘结强度应做现场拉拔试验。

当墙体节能工程的保温层采用预埋或后置锚固件固定时，锚固件数量、位置、锚固深度和拉拔力应符合设计要求。后置锚固件应进行锚固力现场拉拔试验。

当外墙采用保温浆料做保温层时，应在施工中制作同条件养护试件，检测其导热系数、干密度和压缩强度。保温浆料的同条件养护试件应见证取样送检。每个检验批应抽样制作同条件养护试块不少于 3 组。

外墙外保温工程不宜采用粘贴饰面砖做饰面层。当采用时，其安全性与耐久性必须符合设计要求。饰面砖应做粘结强度拉拔试验，试验结果应符合设计和有关标准的规定。

2）幕墙节能工程

幕墙的气密性能应符合设计规定的等级要求。当幕墙面积大于 3000m² 或建筑外墙面积的 50% 时，应现场抽取材料和配件，在检测试验室安装制作试件进行气密性能检测，检测结果应符合设计规定的等级要求。

气密性能检测试件应包括幕墙的典型单元、典型拼缝、典型可开启部分。试件应按照幕墙工程施工图进行设计。试件设计应经建筑设计单位项目负责人、监理工程师同意并确认。气密性能的检测应按照国家现行有关标准的规定执行。检查数量：现场观察及启闭检查按检验批抽查 30%，并不少于 5 件（处）。气密性能检测应对一个单位工程中面积超过 1000m² 的每一种幕墙均抽取一个试件进行检测。

3）门窗节能工程

严寒、寒冷、夏热冬冷地区的建筑外窗，应对其气密型做现场实体检验，检测结果应满足设计要求。检查数量：同一厂家同一品种、类型的产品各抽查不少于 3 樘。

8. C7 过程验收资料

（1）C7-1 结构实体混凝土验收记录

（2）C7-2 结构实体钢筋保护层厚度验收记录

1）对梁类、板类构件纵向受力钢筋的保护层厚度应分别进行验收。

2）结构实体钢筋保护层厚度验收合格应符合下列规定：

当全部钢筋保护层厚度检验的全格点率为 90% 及以上时，钢筋保护层厚度的检验结果应判为合格；

当全部钢筋保护层厚度检验的合格点率小于 90% 但不小于 80%，可再抽取相同数量的构件进行检验；当按两次抽样总数和计算的合格点率为 90% 及以上时，钢筋保护层厚度的检验结果仍应判为合格；

每次抽样检验结果中不合格点的最大偏差均不应大于允许偏差的 1.5 倍。

（3）C7-3 结构实体钢筋保护层试验报告

钢筋保护层厚度检验的结构部位和构件数量，应符合下列要求：

1）钢筋保护层厚度检验的结构部位，应由监理（建设）、施工等各方根据结构构件的重要性共同选定；

2）对梁类、板类构件，应各抽取构件数量的 2% 且不少于 5 个构件进行检验；当有悬挑构件时，抽取的构件中悬挑梁类、板类构件所占比例均不宜小于 50%。

对选定的梁类构件，应对全部纵向受力钢筋的保护层厚度进行检验；对选定的板类构件，应抽取不少于 6 根纵向钢筋的保护层厚度进行检验。对每根钢筋，应在有代表性的部位测量 1 点。参见《混凝土结构工程施工质量验收规范》GB 50204。

（4）检验批质量验收记录表

（5）分项工程质量验收记录表

（6）分部（子分部）工程验收记录表

建筑工程分部工程、分项工程划分见表 9-4。

建筑工程分部工程、分项工程划分

表 9-4

序号	分部工程	子分部工程	分项工程
1	地基与基础	地基	素土、灰土地基，砂和砂石地基，土工合成材料地基，粉煤灰地基，强夯地基，注浆地基，预压地基，砂石桩复合地基，高压旋喷注浆地基，水泥土搅拌桩地基，土和灰土挤密桩复合地基，水泥粉煤灰碎石桩复合地基，夯实水泥土桩复合地基

序号	分部工程	子分部工程	分项工程
1	地基与基础	基础	无筋扩展基础，钢筋混凝土扩展基础，筏形与箱形基础，钢结构基础，钢管混凝土结构基础，型钢混凝土结构基础，钢筋混凝土预制桩基础，泥浆护壁成孔灌注桩基础，干作业成孔桩基础，长螺旋钻孔压灌桩基础，沉管灌注桩基础，钢桩基础，锚杆静压桩基础，岩石锚杆基础，沉井与沉箱基础
		基坑支护	灌注桩排桩围护墙，板桩围护墙，咬合桩围护墙，型钢水泥土搅拌墙，土钉墙，地下连续墙，水泥土重力式挡墙，内支撑，描杆，与主体结构相结合的基坑支护
		地下水控制	降水与排水，回灌
		土方	土方开挖，土方回填，场地平整
		边坡	喷锚支护，挡土墙，边坡开挖
		地下防水	主体结构防水，细部构造防水，特殊施工法结构防水，排水，注浆
2	主体结构	混凝土结构	模板，钢筋，混凝土，预应力、现浇结构，装配式结构
		砌体结构	砖砌体，混凝土小型空心砌块砌体，石砌体，配筋砖砌体，填充墙砌体
		钢结构	钢结构焊接，紧固件连接，钢零部件加工，钢构件组装及预拼装，单层钢结构安装，多层及高层钢结构安装，钢管结构安装，预应力钢索和膜结构，压型金属板，防腐涂料涂装，防火涂料涂装
		钢管混凝土结构	构件现场拼装，构件安装，钢管焊接，构件连接，钢管内钢筋骨架，混凝土
		型钢混凝土结构	型钢焊接，紧固件连接，型钢与钢筋连接，型钢构件组装及预拼装，型钢安装，模板，混凝土
		铝合金结构	铝合金焊接，紧固件连接，铝合金零部件加工，铝合金构件组装，铝合金构件预拼装，铝合金框架结构安装，铝合金空间网格结构安装，铝合金面板，铝合金幕墙结构安装，防腐处理
		木结构	方木和原木结构，胶合木结构，轻型木结构，木结构防护
3	建筑装饰装修	建筑地面	基层铺设，整体面层铺设，板块面层铺设，木、竹面层铺设
		抹灰	一般抹灰，保温墙体抹灰，装饰抹灰，清水砌体勾缝
		外墙防水	外墙砂浆防水，涂膜防水，透气膜防水
		门窗	木门窗安装，金属门窗安装，塑料门窗安装，特种门安装，门窗玻璃安装
		吊顶	整体面层吊顶、板块面层吊顶、格栅吊顶
		轻质隔墙	板材隔墙，骨架隔墙，活动隔墙，玻璃隔墙
		饰面板	石材安装，瓷板安装，木板安装，金属板安装，塑料板安装、玻璃板安装
		饰面砖	外墙饰面砖粘贴，内墙饰面砖粘贴
		幕墙	玻璃幕墙安装，金属幕墙安装，石材幕墙安装，陶板幕墙安装
		涂饰	水性涂料涂饰，溶剂型涂料涂饰，美术涂饰
		裱糊与软包	裱糊、软包
		细部	橱柜制作与安装，窗帘盒和窗台板制作与安装，门窗套制作与安装，护栏和扶手制作与安装，花饰制作与安装

序号	分部工程	子分部工程	分项工程
4	屋面	基层与保护	找平层，找坡层，隔气层，隔离层，保护层
		保温与隔热	板状材料保温层，纤维材料保温层，喷涂硬泡聚氨酯保温层，现浇泡沫混凝土保温层，种植隔热层，架空隔热层，蓄水隔热层
		防水与密封	卷材防水层，涂膜防水层，复合防水层，接缝密封防水
		瓦面与板面	烧结瓦和混凝土瓦铺装，沥青瓦铺装，金属板铺装，玻璃采光顶铺装
		细部构造	檐口，檐沟和天沟，女儿墙和山墙，水落口，变形缝，伸出屋面管道，屋面出入口，反水过水孔，设施基座，屋脊，屋顶窗
5	建筑给水排水及供暖	室内给水系统	给水管道及配件安装，给水设备安装，室内消火栓系统安装，消防喷淋系统安装，防腐，绝热，管道冲洗、消毒，试验与调试
		室内排水系统	排水管道及配件安装，雨水管道及配件安装，防腐，试验与调试
		室内热水系统	管道及配件安装，辅助设备安装，防腐，绝热，试验与调试
		卫生器具	卫生器具安装，卫生器具给水配件安装，卫生器具排水管道安装，试验与调试
		室内供暖系统	管道及配件安装，辅助设备安装，散热器安装，低温热水地板辐射供暖系统安装，电加热供暖系统安装，燃气红外辐射供暖系统安装，热风供暖系统安装，热计量及调控装置安装，试验与调试，防腐，绝热
		室外给水管网	给水管道安装，室外消火栓系统安装，试验与调试
		室外排水管网	排水管道安装，排水管沟与井池，试验与调试
		室外供热管网	管道及配件安装，系统水压试验，土建结构，防腐，绝热，试验与调试
		建筑饮用水供应系统	管道及配件安装，水处理设备及控制设施安装，防腐，绝热，试验与调试
		建筑中水系统及雨水利用系统	建筑中水系统、雨水利用系统管道及配件安装，水处理设备及控制设施安装，防腐，绝热，试验与调试
		游泳池及公共浴池水系统	管道及配件系统安装，水处理设备及控制设施安装，防腐，绝热，试验与调试
		水景喷泉系统	管道系统及配件安装，防腐，绝热，试验与调试
		热源及辅助设备	锅炉安装，辅助设备及管道安装，安全附件安装，换热站安装，防腐，绝热，试验与调试
		监测与控制仪表	检测仪器及仪表安装，试验与调试

序号	分部工程	子分部工程	分项工程
6	通风与空调	送风系统	风管与配件制作，部件制作，风管系统安装，风机与空气处理设备安装，风管与设备防腐，旋流风口、岗位送风口、织物（布）风管安装，系统调试
		排风系统	风管与配件制作，部件制作，风管系统安装，风机与空气处理设备安装，风管与设备防腐，吸风罩及其他空气处理设备安装，厨房、卫生间排风系统安装，系统调试
		防排烟系统	风管与配件制作，部件制作，风管系统安装，风机与空气处理设备安装，风管与设备防腐，排烟风阀（口）、常闭正压风口、防火风管安装，系统调试
		除尘系统	风管与配件制作，部件制作，风管系统安装，风机与空气处理设备安装，风管与设备防腐，除尘器与排污设备安装，吸尘罩安装，高温风管绝热，系统调试
		舒适性空调系统	风管与配件制作，部件制作，风管系统安装，风机与空气处理设备安装，风管与设备防腐，组合式空调机组安装，消声器、静电除尘器、换热器、紫外线灭菌器等设备安装，风机盘管、变风量与定风量送风装置、射流喷口等末端设备安装，风管与设备绝热，系统调试
		恒温恒湿空调系统	风管与配件制作，部件制作，风管系统安装，风机与空气处理设备安装，风管与设备防腐，组合式空调机组安装，电加热器、加湿器等设备安装，精密空调机组安装，风管与设备绝热，系统调试
		净化空调系统	风管与配件制作，部件制作，风管系统安装，风机与空气处理设备安装，风管与设备防腐，净化空调机组安装，消声器、静电除尘器、换热器、紫外线灭菌器等设备安装，中、高效过滤器及风机过滤器单元等末端设备清洗与安装，洁净度测试，风管与设备绝热，系统调试
		地下人防通风系统	风管与配件制作，部件制作，风管系统安装，风机与空气处理设备安装，风管与设备防腐，过滤吸收器、防爆波活门、防爆超压排气活门等专用设备安装，系统调试
		真空吸尘系统	风管与配件制作，部件制作，风管系统安装，风机与空气处理设备安装，风管与设备防腐，管道安装，快速接口安装，风机与滤尘设备安装，系统压力试验及调试
		冷凝水系统	管道系统及部件安装，水泵及附属设备安装，管道冲洗，管道、设备防腐，板式热交换器，辐射板及辐射供热、供冷地埋管，热泵机组设备安装，管道、设备绝热，系统压力试验及调试
		空调（冷、热）水系统	管道系统及部件安装，水泵及附属设备安装，管道冲洗，管道、设备防腐，冷却塔与水处理设备安装，防冻伴热设备安装，管道、设备绝热，系统压力试验及调试
		冷却水系统	管道系统及部件安装，水泵及附属设备安装，管道冲洗，管道、设备防腐，系统灌水渗漏及排放试验，管道、设备绝热

续表

序号	分部工程	子分部工程	分项工程
6	通风与空调	土壤源热泵换热系统	管道系统及部件安装，水泵及附属设备安装，管道冲洗，管道、设备防腐，埋地换热系统与管网安装，管道、设备绝热，系统压力试验及调试
		水湿热泵换热系统	管道系统及部件安装，水泵及附属设备安装，管道冲洗，管道、设备防腐，地表水源换热管及管网安装，除垢设备安装，管道、设备绝热，系统压力试验及调试
		蓄能系统	管道系统及部件安装，水泵及附属设备安装，管道冲洗，管道、设备防腐，蓄水罐与蓄冰槽、罐安装，管道、设备绝热，系统压力试验及调试
		压缩式制冷（热）设备系统	制冷机组及附属设备安装，管道、设备防腐，制冷剂管道及部件安装，制冷剂灌注，管道、设备绝热，系统压力试验及调试
		吸收式制冷设备系统	制冷机组及附属设备安装，管道、设备防腐，系统真空试验，溴化锂溶液加灌，蒸汽管道系统安装，燃气或燃油设备安装，管道、设备绝热，试验及调试
		多联机（热源）空调系统	室外机组安装，室内机组安装，制冷剂管路连接及控制开关安装，风管安装，冷凝水管道安装，制冷剂灌注，系统压力试验及调试
		太阳能供暖空调系统	太阳能集热器安装，其他辅助能源、换热设备安装，蓄能水箱、管道及配件安装，防腐，绝热，低温热水地板辐射采暖系统安装，系统压力试验及调试
		设备自控系统	温度、压力与流量传感器安装，执行机构安装调试，防排烟系统功能测试，自动控制及系统智能控制软件调试
7	建筑电气	室外电气	变压器、箱式变电所安装，成套配电柜、控制柜（屏、台）和动力、照明配电箱（盘）及控制柜安装，梯架、支架、托盘和槽盒安装，导管敷设，电缆敷设，管内穿线和槽盒内敷线，电缆头制作、导线连接和线路绝缘测试，普通灯具安装，专用灯具安装，建筑照明通电试运行，接地装置安装
		变配电室	变压器、箱式变电所安装，成套配电柜、控制柜（屏、台）和动力、照明配电箱（盘）安装，母线槽安装，梯架、支架、托盘和槽盒安装，电缆敷设，电缆头制作、导线连接和线路绝缘测试，接地装置安装，接地干线敷设
		供电干线	电气设备试验和试运行，母线槽安装，梯架、支架、托盘和槽盒安装，导管敷设，电缆敷设，管内穿线和槽盒内敷线，电缆头制作、导线连接和线路绝缘测试，接地干线敷设
		电气动力	成套配电柜、控制柜（屏、台）和动力配电箱（盘）安装，电动机、电加热器及电动执行机构检查接线，电气设备试验和试运行，梯架、支架、托盘和槽盒安装，导管敷设，电缆敷设，管内穿线和槽盒内敷线，电缆头制作、导线连接和线路绝缘测试
		电气照明	成套配电柜、控制柜（屏、台）和照明配电箱（盘）安装，梯架、支架、托盘和槽盒安装，导管敷设，管内穿线和槽盒内敷线，塑料护套线直敷布线，钢索配线，电缆头制作、导线连接和线路绝缘测试，普通灯具安装，专用灯具安装，开关、插座、风扇安装，建筑照明通电试运行

续表

序号	分部工程	子分部工程	分项工程
7	建筑电气	备用和不间断电源	成套配电柜、控制柜（屏、台）和动力、照明配电箱（盘）安装，柴油发电机组安装，不间断电源装置及应急电源装置安装，母线槽安装，导管敷设，电缆敷设，管内穿线和槽盒内敷线，电缆头制作、导线连接和线路绝缘测试，接地装置安装
		防雷及接地	接地装置安装，防雷引下线及接闪器安装，建筑物等电位连接，浪涌保护器安装
8	智能建筑	智能化集成系统	设备安装，软件安装、接口及系统调试，试运行
		信息接入系统	安装场地检查
		用户电话交换系统	线缆敷设，设备安装，软件安装，接口及系统调试，试运行
		信息网络系统	计算机网络设备安装，计算机网络软件安装，网络安全设备安装，网络安全软件安装，系统调试，试运行
		综合布线系统	梯架、托盘、槽盒和导管安装，线缆敷设，机柜、机架、配线架安装，信息插座安装，链路或信道测试，软件安装，系统调试，试运行
		移动通信室内信号覆盖系统	安装场地检查
		卫星通信系统	安装场地检查
		有线电视及卫星电视接收系	梯架、托盘、槽盒和导管安装，线缆敷设，设备安装，软件安装，系统调试，试运行
		公共广播系统	梯架、托盘、槽盒和导管安装，线缆敷设，设备安装，软件安装，系统调试，试运行
		会议系统	梯架、托盘、槽盒和导管安装，线缆敷设，设备安装，软件安装，系统调试，试运行
		信息导引及发布系统	梯架、托盘、槽盒和导管安装，线缆敷设，显示设备安装，机房设备安装，软件安装，系统调试，试运行
		时钟系统	梯架、托盘、槽盒和导管安装，线缆敷设，设备安装，软件安装，系统调试，试运行
		信息化应用系统	梯架、托盘、槽盒和导管安装，线缆敷设，设备安装，软件安装，系统调试，试运行
		建筑设备监控系统	梯架、托盘、槽盒和导管安装，线缆敷设，传感器安装，执行器安装，控制器、箱安装，中央管理工作站和操作分站设备安装，软件安装，系统调试，试运行
		火灾自动报警系统	梯架、托盘、槽盒和导管安装，线缆敷设，探测器类设备安装，控制器类设备安装，其他设备安装，软件安装，系统调试，试运行
		安全技术防治系统	梯架、托盘、槽盒和导管安装，线缆敷设，设备安装，软件安装，系统调试，试运行
		应急响应系统	设备安装，软件安装，系统调试，试运行
		机房	供配电系统，防雷与接地系统，空气调节系统，给水排水系统，综合布线系统，监控与安全防范系统，消防系统，室内装饰装修，电磁屏蔽，系统调试，试运行
		防雷与接地	接地装置，接地线，等电位连接，屏蔽设施，电涌保护器，线缆敷设，系统调试，试运行

续表

序号	分部工程	子分部工程	分项工程
9	建筑节能	围护系统节能	墙体节能、幕墙节能、门窗节能、屋面节能、地面节能
		供暖空调设备及管网节能	供暖节能、通风与空调设备节能，空调与供暖系统冷热源节能，空调与供暖系统管网节能
		电气动力节能	配电节能、照明节能
		监控系统节能	监测系统节能、控制系统节能
		可再生能源	地源热泵系统节能、太阳能光热系统节能、太阳能光伏节能
10	电梯	电力驱动的曳引式或强制式电梯	设备进场验收，土建交接检验，驱动主机，导轨，门系统，轿厢，对重，安全部件，悬挂装置，随行电缆，补偿装置，电气装置，整机安装验收
		液压电梯	设备进场验收，土建交接检验，液压系统，导轨，门系统，轿厢，对重，安全部件，悬挂装置，随行电缆，电气装置，整机安装验收
		自动扶梯、自动人行道	设备进场验收，土建交接检验，整机安装验收

9. C8 竣工质量验收资料

（1）C8-1 单位（子单位）工程质量竣工验收记录；

（2）C8-2 单位（子单位）工程质量控制资料核查记录；

（3）C8-3 单位（子单位）工程安全和功能检查资料核查及主要功能抽查记录；

（4）C8-4 单位（子单位）工程观感质量检查记录；

（5）C8-5 单位工程竣工预验收报验表；

（6）工程竣工质量报告；

（7）建筑节能工程现场实体检验报告。

围护结构现场实体检验

1）建筑围护结构施工完成后，应对围护结构的外墙节能构造和严寒、寒冷、夏热冬冷地区的外窗气密性进行现场实体检测。当条件具备时，也可直接对围护结构的传热系数进行检测。

2）外墙节能构造的现场实体检验方法见《建筑节能工程施工质量验收规范》附录C。其检验目的是：

① 验证墙体保温材料的种类是否符合设计要求；

② 验证保温层厚度是否符合设计要求；

③ 检查保温层构造做法是否符合设计和施工方案要求。

3）严寒、寒冷、夏热冬冷地区的外窗现场实体检测应按照国家现行有关标准的规定执行。其检验目的是验证建筑外窗气密性是否符合节能设计要求和国家有关标准的规定。

4）外墙节能构造和外窗气密性的现场实体检验，其抽样数量可以在合同中约定，但合同中约定的抽样数量不应低于本规范的要求。当无合同约定时应按照下列规定抽样：

①每个单位工程的外墙至少抽查3处，每处一个检查点；当一个单位工程外墙有2种以上节能保温做法时，每种节能做法的外墙应抽查不少于3处；

②每个单位工程的外窗至少抽查3樘。当一个单位工程外窗有2种以上品种、类型和开启方式时，每种品种、类型和开启方式的外窗应抽查不少于3樘。

5）外墙节能构造的现场实体检验应在监理（建设）人员见证下实施，可委托有资质的检测机构实施，也可由施工单位实施。

6）外窗气密性的现场实体检测应在监理（建设）人员见证下抽样，委托有资质的检测机构实施。

7）当对围护结构的传热系数进行检测时，应由建设单位委托具备检测资质的检测机构承担；其检测方法、抽样数量、检测部位和合格判定标准等可在合同中约定。

8）当外墙节能构造或外窗气密性现场实体检验出现不符合设计要求和标准规定的情况时，应委托有资质的检测机构扩大一倍数量抽样，对不符合要求的项目或参数再次检验。仍然不符合要求时应给出"不符合设计要求"的结论。

对于不符合设计要求的围护结构节能构造应查找原因，对因此造成的对建筑节能的影响程度进行计算或评估，采取技术措施予以弥补或消除后重新进行检测，合格后方可通过验收。对于建筑外窗气密性不符合设计要求和国家现行标准规定的，应查找原因进行修理，使其达到要求后重新进行检测，合格后方可通过验收。

（四）施工资料组卷、报审及移交

1. 施工资料的组卷

（1）质量要求

1）工程施工资料应确保真实有效、完整，资料的收集应与工程进度同步，并及时整理编目；工程资料应保证是原件，因特殊原因不能是原件的，应在复印件上注明原件存放处，并有时间及经办人签字。

2）工程资料应保证字迹清晰，签字、盖章手续齐全，签字必须使用黑色签字笔签字，计算机形成的资料应采用内容打印，手工签字的方式。

3）资料统一采用 A4 幅（297mm×210mm）尺寸，小于 A4 幅面的资料要用 A4 白纸（297mm×210mm）衬托。

4）施工图的变更、洽商返图应符合技术要求。凡采用施工蓝图改绘竣工图的，必须使用反差明显的蓝图，竣工图图面应整洁。

5）工程档案的照片（含底片）及声像档案，应图像清晰，声音清楚，文字说明应标注拍摄日期、拍摄内容、地点、摄影人。

（2）施工资料的编号

1）施工资料的右上角编号一栏均应按《建筑工程资料管理规程》中的规定执行即：分部工程代号（××01～09）＋子分部工程代号（××01～14）＋资料类别（C1-1～C8-5）＋顺序号（×××）例如：03-07-C4-1-001 工程检验批质量验收记录表的编号应在原编号的后面加顺序号（三位）如：京建 010405-（顺序号）。

2）物资厂家提供的检验报告、合格证类资料右上角的编号应与《材料、构配件进场检验记录》右上角的资料编号一致，并用序号区分。

3）分部工程中每个子分部工程，应根据资料属性不同按资料形成先后顺序分别编号；使用表格相同但检查项目不同时应按资料形成的先后顺序分别编号。

4）对按单位工程管理，不属于某个分部、子分部工程的施工资料，其编号中分部、子分部工程代号用"00"代替。

5）同一批物资用在两个以上分部、子分部工程中时，其资料编号中的分部、子分部工程代号按主要使用部位的分部、子分部工程代号填写。

6）无专用表格的资料，应在资料右上角的适当位置注明资料编号。

（3）施工资料的组卷

1）工程资料应按照不同的收集、整理单位及资料类别，按基建文件、监理资料、施工资料和竣工图分别进行组卷，组卷方法参照《建筑工程资料管理规程》DB11/T 695 附录 A "工程资料分类与归档保存表"。

2）施工资料组卷应按照专业（建筑与结构、建筑给水排水及采暖工程、建筑电气工程、智能建筑、通风与空调、电梯、建筑节能）等系统划分，每一专业、系统再按照资料类别从 C1～C7 的顺序排列，根据资料的多少组成一卷或多卷。

3）物资资料（C4）部分的资料《材料、构配件进场检验记录》（C4-1）表和后面附的出厂质量证明文件（包括产品合格证、质量合格证、检验报告、产品生产许可证、质量保证书等）由供应单位提供的资料可以不拆开。复试报告（包括钢材、水泥、砂、碎卵石、外加剂、掺合料、防水涂料等试验报告）由试验单位提供的试验报告则需根据附录 A《工程资料分类与归档保存表》按照顺序进行组卷，也可与其他质量证明文件对应组卷。物资资料应按照物资进场的先后顺序分类进行整理。

4）施工质量验收记录（C7 类文件）的检验批、分项、分部（子分部）工程验收记录表按分部、子分部、分项、检验批的顺序进行排列。

（4）施工资料的目录

1）资料管理目录的资料编号一栏按资料右上角的编号填写，序号一栏按资料排列顺序从 1 开始依次标注。

2）卷内目录的页次一栏从第一行开始到倒数第二行填写资料页号的起始页号，最后一行填写起止页号。

3）卷内目录的原编字号一栏填写资料编号或图纸原编图号或资料制发机关的发文号。例如：资料题名是隐蔽工程检查记录，原编字号应填写：01-02-C5-001。

4）原设计图纸目录不能代替资料目录。

（5）案卷页号的编写

1）案卷的页号以独立卷为单位编写，在案卷内资料材料排列顺序确定后，均以有书写内容的页面编写页号（包括资料管理目录），每页从阿拉伯数字 1 开始编写，用机打号或钢笔依次逐张连续标注页号。

2）案卷封面、卷内目录和卷内备考表不编写页号。

3）页号编写位置：单面书写的文字材料页号编写在右下角，双面书写的文字材料页号正面编写在右下角，背面编写在左下角。

4）图纸折叠后无论何种形式，页号一律编写在右下角。

（6）工程资料卷内备考表

1）卷内备考表分三部分：内容部分、签字栏、更改记载。

2）内容部分：应标明卷内文字张数，图样材料张数，照片张数。审核说明填写立卷时资料的完整和质量情况，以及应归档而缺少的资料的名称和原因。

3）签字栏：立卷人由项目部责任立卷人签字，检查人由项目部案卷检查人签字（总工或技术部经理），并分别注明立卷和检查时间。技术审核人由公司技术部主管工程技术资料审核人签字，档案接收人由公司档案管理接收人签字，并分别注明审核和接收时间。

（7）案卷的装订

1）文字资料必须装订成册，竣工图纸可散装存放。

2）装订时要剔出金属物，装订线一侧（左右薄厚不均者）根据案卷薄厚加垫板纸。

3）案卷用棉线在左侧三孔装订，棉线装订结打在背面，装订线距左侧边缘 20mm，上下两孔分别距离中孔 80mm。

4）装订时，须将封面、目录、备考表与案卷一起装订。图纸散装在卷盒时，须将案卷封面、目录、备考表同时放入卷盒。

5）资料是横幅的纸张需将页头朝左摆放。

6）案卷不宜过厚，一般不超过 40mm。

2. 施工资料报审见图 9-1 施工资料报审流程图

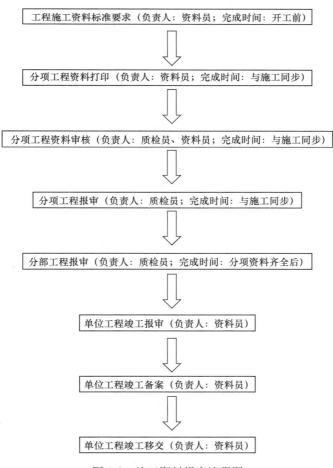

图 9-1　施工资料报审流程图

3. 施工资料移交

（1）专业承包单位应向总承包单位（或建设单位）移交不少于一套完整的工程档案，并办理相关移交手续。

（2）施工总承包单位应各自向建设单位移交不少于一套完整的工程档案，并办理相关的移交手续。

（3）重点工程及 5 万 m^2 以上的大型公建工程，建设单位应将列入城建档案馆保存的工程档案制作成缩微胶片，移交城建档案馆。

（4）应根据有关规定合理确定工程档案的保存期限，一般应与工程使用年限相同。

十、工程测量和计量管理

（一）工程施工测量概述

1. 工程施工测量概述

工程施工测量的主要任务是将设计图纸上建筑物的位置用合适的测量方法精确地设置到地面上，以便作为各项工程建设施工的依据。

测量的基本原则：测量工作必须遵循"从整体到局部"的基本原则，为了减少测量误差的积累和提高测量的精度，按照"从控制到碎部"的工作程序进行测量。

工程测量是建筑施工中不可缺少的生产环节，直接影响着工程质量，是施工技术管理的重要组成部分。测量工作质量控制的核心是测量复核制度，其运作依靠自检、外检和抽检以及验收制度来保证。各级测量人员必须严格遵守测量复核制度的基本要求。

测量方法及精度要求应遵守国家或行业有效版本测量规范的规定，并应积极稳妥地在测量工作中推广新技术、新设备、新方法。

2. 施工测量工作范围

施工测量工作范围包括：工程开工前交接桩；施工复测；建立建筑物控制网；工序各部施工放样；竣工测量。如图 10-1 所示。

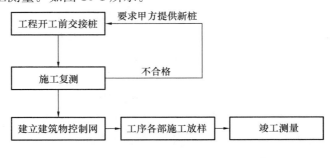

图 10-1　施工测量工作范围

（二）工程测量主要工作内容

1. 交接桩

（1）工程中标后，由项目总工程师组织及项目经理部相关人员参加，主动联系建设单位、监理单位、设计单位、第三方测绘公司及时进行交接桩。

（2）交桩资料应包括：国家三角点、GPS 点、导线点的位置、数据图表；中线（基线）桩表、线路资料图表、水准点表、水准基点表等。交接时，应按交接书面资料所列桩位，现场逐点交接并查看情况，各类桩点应完好无损，稳定可靠，并在现场作明显标识，以利查找。必要时应携带仪器找桩或补点。对于无法补测的国家三角点、GPS 点应在交接记录中注明，由设计单位补测或报建设单位解决。

（3）交接签认时，书面资料必须真实、齐全，桩点的布置和密度应符合测规要求，对于现场未找到的或已被破坏的桩点，应视为废桩；交接记录应写清存在的问题或处理意见，并报上级主管部门和建设单位。

2. 施工复测

（1）复测的目的是核对设计交桩的正确性，应在开工前完成。在组织施工复测时，根据工程需要，应对桩位、水准基点桩加密，加密时应满足施工规范和施工放样的需要。

（2）每位技术人员应养成妥善保护各类桩位的习惯，发现有桩位在施工影响范围内，应立即测设外移桩或护桩。

（3）复测完成后应按照规范要求整理测量成果书，经测量工程师签认、项目总工程师审核后，报监理单位审批，经批准后的测量成果书方可使用，并及时做好标识。

3. 控制测量

（1）重点工程（隧道、地铁、大型站场、机场、试车场、建筑群等）应建立独立施工控制网，以提高精度便于放样。

（2）针对具体的工程，应选择合适的平面控制网类型：建筑群一般宜选用建筑方格网，对于隧道、地铁、地下工程、桥梁等工程应优先采用 GPS 网，也可选用测设方便、平差简易的导线网；站场、机场、试车场可采用基线控制网；高速铁路（公路）客运专线应按相关规范要求优先采用 GPS 网，加密测量宜采用闭合于国家三角点或 GPS 点的附合导线网。

4. 施工放样

施工放样引用经审批的复测和控制网测量成果，各种控制点在施工过程中应妥善保护，破坏后应采用原测量精度补设。采用水准测量进行高程放样时，放样点应尽量设为转点，并应往返观测，以往返高差闭合差作为控制测量误差的依据，并应满足规范要求。

5. 竣工测量

（1）单位工程竣工后，应及早进行单位工程的竣工测量，以核实工程各部件中线、标高、几何尺寸是否符合规范、验标及图纸要求。

（2）合同范围内全部工程的竣工测量应以控制建筑物的轴线（中线）为基准进行系统联测，并与相邻合同段的轴线（中线）衔接。

6. 质量控制

（1）质量控制内容

控制内容包括测量复核制度、质量控制运作、测量成果交验。质量控制的核心是测量复核制，各级测量机构及人员都必须遵循复核制的基本要求，在测量工作中认真贯彻执行。

（2）测量复核制的基本要求

1）执行有关测量技术规范和标准，按照规范要求进行测量设计、作业、检查和验收，保证各项成果的精度和可靠性。

2）测量桩点的交接必须由双方持交桩表在现场核对、交接确认。遗失的坚持补桩，无桩名者视为废桩，资料与现场不符的应予更正。

3）用于测量的图纸资料应认真研究复核（至少复核 2 遍），必要时应作现场核对，确认无误后，方可使用。抄录已知数据资料，必须核对，两计算人应分别独立查阅抄录，并互相核实。

4）各种测量的原始观测记录（含电子记录）必须在现场同步作出，严禁事后补记、补绘。原始资料不允许涂改。不合格时，应按规范要求补测或重测。

5）测量的外业工作必须有多余观测，并构成闭合检核条件。内业工作应坚持两组独立平行计算并相互校核。

6）利用已知成果时，必须坚持"先检查、复测，后利用"的原则。

7）重要定位和放样，必须坚持用不同的方法或手段进行复核测量，或换人检查复测无误后才能施工。

8）一项工程由两个以上单位同时施工时，应联合测量；若不同时施工时，先施工的单位进行整体复测，相关单位复核确认后使用。施工复测时，必须超越管段范围与相邻相关的测量桩点联测，并与有关单位共同确认共同使用的相关桩点和资料。

9）未经复测的工程不准开工；上一道工序结束，下一道工序未经测量放样，不得继续施工。

10）为确保工程质量，测量组必须按测量复核制的基本要求，对各项测量工作实行自检；重要的定位、放样和施工阶段性复核实行第三方检查（测量监理复核检查）。

测量成果由测量资料和测量标志构成。测量成果应符合相关测量规范和检查验收要求。使用单位参照《测绘产品验收规定》对重要的测量成果进行验收。

（三）工程计量管理概述

1. 计量工作主要目的

项目计量工作的主要目的是规范计量管理工作行为，保证施工监视和测量过程的准确性，监视和测量的计量器具按计划要求进行购置，并在入库、发放、使用、封存、报废等阶段始终处于受控状态，使其满足工程质量、安全、环保等工作需要。

项目在施工生产中的计量管理，主要包括：质量控制、测量、能源计量、物料进出库计量、安全保护设施和试验计量管理工作等。

2. 计量术语

（1）校准：在规定条件下，为确定测量仪器或测量系统的示值或实物量具所体现的值与被测量相对应的已知值之间关系的一组操作。

（2）监视：调查，监督，经常评审，按一定的时间间隔测量试验，特别是为了调节或控制的目的（监视设备如：烟雾传感器、电子眼、电焊机上的电流表、电压表）。

（3）检定：国家法制计量部门（或其他法定授权的组织）为确定或证实测量器具完全满足检定规程的要求而做的全部工作。

（4）测量：确定或决定空间的大小或（某事）质量，运用某些已知尺寸或能力的物体，或通过与固定单位比较来确定或决定大小或质量。

3. 项目部管理职责

(1) 贯彻执行计量管理的各项规章制度和操作规程；

(2) 负责建立所属范围内《计量器具台账》、卡片和档案；

(3) 负责计量器具的配备、使用、维护保养工作；

(4) 负责按计量器具周期检定（校准）计划开展检定、校准及标识工作；

(5) 负责计量器具的购置、封存、降级、报废等的申报工作；

(6) 做好各种计量报表及各种原始数据的管理工作；

(7) 对各分包单位的计量器具、计量检测与记录的管理工作进行检查；

(8) 应配备不少于 1 名专职或兼职的计量员，负责计量的管理工作。

（四）计量器具管理内容

1. 计量器具购置要求

购置计量器具前，应对生产厂家进行资质的审核。购置的计量器具须有厂家的产品合格证，且产品上标有 CMC 标志。购置的进口计量器具须有省级以上的计量行政部门出具的检定合格证。

2. 入库前验证及入库

新购置的计量器具须由使用单位的计量管理人员办理验收入库手续，进行验证，合格后方可入库。不合格的计量器具由采购单位负责退货。

入库验证内容：生产许可证编号及 CMC 标志；出厂检定合格证；外观无变形、损坏，刻度清晰等。

计量器具入库验证合格，由计量管理人员负责登记入账，做好计量器具验证标识后，交使用部门保管。

3. 入库管理

(1) 计量器具管理人员应按器具说明书的要求贮存计量器具，防止锈蚀、磕碰。

(2) 封存、报废、新购计量器具要分开存放，以防误用。

(3) 库存计量器具的标识应保护好，并定期检查。

4. 发放

计量器具发放前，计量管理人员必须检查其检定状态是否在检定周期范围内。对新购置的计量器具和已超过检定周期的计量器具，必须先送国家认可的检定机构检定或校准合格，并贴好标识后方可发放。

5. 计量器具的使用、检定与校准

(1) 使用单位必须建立《计量器具台账》，保证使用中的计量器具必须检定或校准合格且在检定或校准周期范围内，并贴有标识。

(2) 强制检定的计量设备应当向当地县（市）级人民政府计量行政部门指定的计量检定机构申请周期检定。当地不能检定的，向上一级人民政府计量行政部门指定的计量检定机构申请周期检定。

(3) 非强制检定的计量设备和一般管理的计量设备应就近到区县级以上国家认可的检定机构进行检定。

（4）对国家无检定规程的计量设备，使用单位应遵从公司编制的相关校准规程，或到具备相应资格的机构进行定期比对，并填写《检测设备比对检查记录表》。

（5）计量管理人员须按期完成周期检定计划，每年初编制《计量器具周期检定（校准）计划》。计量器具周期检定或校准情况须及时登入《计量器具台账》，粘贴相应标识。

6. 仪器设备技术档案管理

大型、贵重、精密的计量器具应建立仪器设备档案。每台套计量器具应分别建档，档案应连续保存，跟随计量器具进行调拨及移交。设备档案资料包括：

（1）仪器设备登记表、验收记录、周期检定校验记录、保养维修记录、移交变更情况等。

（2）检定、校准、测试证书，应连续保存，不能抽撤。

（3）计量器具购买时的资料，如使用说明书、维修单等相关资料。

（4）计量器具的校准、测试证书的确认记录。

7. 项目分包单位计量器具管理

项目部对参加施工的各分包单位的计量管理工作有权进行监督。项目部应及时将项目施工的各分包单位在项目上使用的《计量器具台账》和检定证书复印件留存备案。

8. 抽检

使用中的计量器具要定期进行抽查，以保证其计量状态符合使用要求。各单位使用的计量器具（含分包队伍使用的计量器具）由各单位计量管理人员负责进行季度抽检，抽检记录由各单位保存。

对使用中的仪器设备要定期进行抽查，以保证其计量状态符合使用要求。对全站仪、铅垂仪、水准仪、经纬仪等大件仪器设备（含分包队伍使用的计量器具）由公司技术管理部对使用单位进行不定期抽检，抽检记录由技术管理部以及使用单位保存。

9. 标识

计量器具的标识应填写以下项目：

（1）检定有效期；

（2）统一编号和出厂编号；

（3）检定人员（未进行检定时，可将检定人员改为确认人员，并填上计量管理人员的名字）；

（4）下次检定日期。

标识分类包括：

（1）合格的计量器具应贴上绿色"合格证"标识；

（2）封存的计量器具应贴上紫色"封存"标识；

（3）不合格的计量器具应贴上红色"禁用"标识；

（4）限用参数、量程、地点的计量器具应贴上蓝色"限用"标识；

（5）国家无检定规程的计量器具校准合格应贴上黄色"准用"标识。

10. 封存、启用、调拨

（1）出现故障暂不能修复的计量器具或暂不使用（3个月以上）的计量器具应予封存。封存计量器具必须由计量管理人员填写《计量器具封存申报表》，经项目主任工程师审批。封存的计量设备入库时应严格按说明书的要求存放。并做好相应的标识。

（2）启用封存的计量器具，须由使用单位计量管理人员填写《计量器具启封申报表》，予以启封并及时将该计量器具送检定机构进行检定，检定合格后方可使用。

11. 失准及报废

计量器具失准，计量管理人员要立即下令停止使用，并贴上标识，以免误用。由计量管理人员负责送修并做记录。无法修复的失准计量器具要予以报废。

十一、工程施工影像管理

（一）施工影像概述

1. 施工影像概念及作用

施工影像指在建筑工程项目施工过程中按计划制作的具有利用价值、可妥善保存的照片、录像、录音等资料，并辅以文字说明的历史记录。

施工影像资料较之文字资料，具有更真实、更直观的效果。在工程项目施工过程中制作施工影像资料是一项非常重要的技术积累工作。同时可以作为施工质量的证明、工程索赔的证据以及日后用户服务和翻修、加固、改扩建活动的参考。

2. 项目部职责

（1）负责建立工程影像资料管理制度，实行技术负责人负责制，建立健全工程影像资料管理岗位责任制。

（2）负责编制本项目工程影像资料摄录计划和摄录方案。

（3）负责工程影像资料的制作、归档工作。

3. 工作流程：如图 11-1 影像管理工作流程图

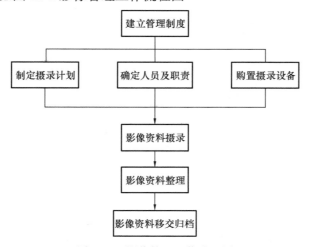

图 11-1　影像管理工作流程图

4. 工程影像资料摄录计划

（1）项目经理部应在工程准备阶段编制出影像资料摄录计划。

（2）工程影像资料摄录计划应包括下列内容：工程影像资料制作工作人员及职责分工；摄录工程影像资料使用的设备及使用要求；工程影像资料摄录的主要内容、相关配合部门及制作要求。

（3）工程影像资料摄录计划应在具体操作中根据工程的实际情况，不断调整，以确保摄录计划的指导性，避免在摄录工作中遗漏重要环节或重要部位。

（二）工程影像资料的内容

1. 工程相关重要活动；

（1）工程奠基、开工、结构封顶、竣工仪式；

（2）上级领导、知名人士、社会团体的参观、视察、检查活动；

（3）各种荣誉奖项的评比活动；

（4）各种质量监督检查和验收活动；

（5）各种招标答辩活动；

（6）各种技术研讨、重大方案讨论和技术服务活动；

（7）各种物资进场检验及现场试验取样活动；

（8）各种设计变更、洽商活动；

（9）各种安全教育、安全交底和检查活动；

（10）工程安全质量事故分析处理活动。

2. 工程施工前状况；

（1）建设前的原貌，包括原建筑物、构筑物及周围的环境；

（2）地下障碍物清除；

（3）三通一平后状况；

3. 工程施工全过程；

（1）施工准备；

1）工程效果图；

2）新型建筑机械及设备；

3）钢筋的现场堆放及标识；

4）开工前轴线、标高的复测。

（2）地基与基础；

1）土方；

①土方开挖

a. 土方开挖；

b. 降水施工；

c. 开挖后基坑全貌；

d. 基坑验槽（工具探测）；

②土方回填

分层压实厚度及压实干密度检测。

③基坑支护

a. 锚杆或土钉钻孔；

b. 支护后全貌；

c. 基坑监测。

2）地基及基础处理

① 地基处理前状态；

② 地基处理材料；

③ 地基处理过程；

④ 检验试验。

3）地下防水

① 防水混凝土

a. 原材料控制；

b. 施工过程控制；

c. 细部做法；

d. 混凝土外观质量。

② 卷材防水层

a. 防水基层干燥程度检验；

b. 找平层转角处圆弧；

c. 卷材防水层的搭接；

d. 变形缝；

e. 收头构造；

f. 保护层。

③ 细部构造

a. 细部材料；

b. 细部构造做法；

c. 止水带埋设；

d. 穿墙管止水环。

4）混凝土基础

① 模板

a. 外墙、内墙模板与支撑；

b. 止水条设置情况；

c. 穿墙螺栓细部构造；

d. 梁、柱模板节点；

e. 梁、板模板及支撑；

② 钢筋

a. 底板钢筋（含抗裂构造钢筋）；

b. 墙、柱插筋留置；

c. 墙、柱钢筋绑扎及连接；

d. 梁、板钢筋绑扎及连接；

e. 梁、柱节点钢筋锚固；

f. 钢筋支撑；

g. 钢筋保护层；

h. 楼梯处钢筋留置。

③ 混凝土

a. 施工缝留置、处理；

b. 施工现场坍落度检测；

c. 混凝土的浇筑、养护、测温及拆模后混凝土外观质量。

（3）主体结构

1）混凝土结构

① 模板

a. 墙体模板与支撑；

b. 梁、柱节点模板；

c. 梁、板模板及支撑。

② 钢筋

a. 墙、柱钢筋的绑扎及连接；

b. 梁、板钢筋的绑扎及连接；

c. 梁、柱节点钢筋锚固；

d. 钢筋支撑；

e. 钢筋保护层；

f. 楼梯处钢筋留置。

③ 混凝土

a. 施工缝留置、处理；

b. 施工现场坍落度检测；

c. 混凝土浇筑、养护及拆模后混凝土外观质量；

d. 混凝土楼层整体外观。

2）砌体结构

① 墙体组砌效果；

② 拉结筋的布局；

③ 门窗洞口结构。

3）钢结构

①焊接

a. 焊接材料取样；

b. 焊接工艺评定；

c. 探伤检测。

② 高强螺栓

a. 螺栓取样；

b. 连接节点型式。

③ 零部件加工

a. 钢材取样；

b. 切割面或剪切面；

c. 加工工艺。

④ 构件组装

a. 焊缝、外观尺寸；

b. 工艺。

⑤ 钢结构安装

a. 吊装方法；

b. 节点型式。

⑥ 压型钢板

a. 钢板收边；

b. 栓钉焊接过程。

⑦ 防腐涂料涂装

构件表面、漆膜厚度检测。

4）其他结构

新型建筑材料的施工过程。

（4）装饰装修；

1）地面

① 板块面层

a. 基层处理、水泥砂浆或水泥砂浆结合层施工；

b. 卫生间防水各层施工；

c. 面层铺设方法。

2）抹灰

基层处理、不同材料基体交接处的加强措施。

3）门窗

① 门窗框与主体结构的连接节点构造；

② 门窗的锚固、连接、防腐、密封的处理方法。

4）吊顶

① 主次龙骨规格、间距；

② 罩面板接缝处理。

5）轻质隔墙

① 安装轻质隔墙的预埋件、连接件及连接方式；

② 防水、防腐处理；

③ 隔墙上的孔洞、槽、盒留置。

6）饰面板砖

① 饰面板安装

饰面板材安装节点构造。

② 饰面砖粘贴

饰面砖安装节点构造。

7）幕墙

① 预埋件（后埋件）埋设混凝土浇捣隐蔽过程；

② 构件与预埋件、主体结构的连接节点安装；

③ 防水、防震、保温处理。

8）涂饰

① 基层处理；

② 涂料施工。

9）裱糊软包

① 裱糊

a. 基层处理；

b. 接缝处理、裱糊施工。

② 软包

a. 基层处理；

b. 骨架安装节点构造；

c. 软包接缝处理。

10）细部

① 护栏；

② 橱柜。

（5）屋面

1）找平层

① 排水坡度；

② 找平层转角处圆弧；

③ 分格缝位置和间距。

2）保温层

保温层铺设、保温层厚度控制。

3）防水层

① 防水基层干燥程度检验；

② 防水层搭接、防水层收头做法。

4）屋面细部构造

① 屋面天沟、檐沟（口）、泛水、变形缝、水落口、水簸箕、压顶、避雷网、反梁过水口、行人通道、排汽口、伸出屋面管道、屋面垂直（水平）出入口、防水保护层等节点做法。

（6）给水排水及采暖

1）室内给水

① 给水管道及配件

a. 管道、管件、阀门安装位置；

b. 管道连接做法；

c. 附件的使用；

d. 支架固定以及严密性做法。

② 室内消火栓

a. 有绝热、防腐要求的管道之间相关设备；

b. 留存管道绝热的方式；

c. 防结露措施；

d. 防腐处理的做法；

e. 消火栓箱安装。

③ 给水设备

a. 设备基础做法；

b. 设备安装效果；

c. 相关仪表、配件、阀门。

2）室内排水

① 排水管道及配件

a. 管道连接做法；

b. 附件的使用；

c. 支架固定；

d. 屋面雨水斗、室内地漏安装。

3）室内热水

管道及配件

① 保温层、保护层的设置；

② 管道、管件、阀门安装位置；

③ 管道连接做法；

④ 附件的使用；

⑤ 支架固定以及严密性做法。

4）卫生器具

卫生器具排水管道

① 各种卫生器具的安装；

② 各种卫生器具的附件安装；

③ 卫生器具支架安装。

5）室内采暖

采暖管道及散热器

① 管道及配件安装；

② 辅助设备及散热器安装；

③ 低温热水地板辐射采暖系统。

6）消防工程

消火栓自动喷洒

① 管道及设备的安装一般要求与给排水工程相同，但应涂红色油漆或红色环标；

② 自动喷水灭火系统的喷淋头安装、设备及附件安装；

③ 喷淋头的布置；

④ 消火栓箱安装；

⑤ 室外部分（消火栓、水泵接合器）高度、位置准确。

（7）通风与空调

1）风系统

送风、防排烟、空调风

① 风管的制作、安装；

② 各种软接头安装；

③ 末端风口安装、风机安装、空调机组安装、新风机组安装。

2）空调水

管道同给排水系统；各类设备及管道安装、标识。

3）防腐与绝热

风管及水管绝热与防腐处理

① 管道支吊架的防腐；

② 需保温的管道或设备作法；

③ 保温管道在支吊架部位绝热措施；

④ 风管及管道保温细部作法；

⑤ 室外保温保护管壳作法。

（8）电气

1）变配电室

① 成套配电柜、照明配电箱（盘）安装及总等电位箱；

② 封闭母线、插接式母线安装、接地装置、避雷引下线和变配电室接地干线敷设。

2）电气动力

① 低压电气动力设备安装及接地、控制（盘）柜安装；

② 桥架、线槽安装及终端接地、变形缝处理措施、防火封堵措施；

③ 电缆、电线穿管及金属导管接地；

④ 桥架内电缆敷设、线槽敷线及标识；

⑤ 电线、电缆导管敷设及标识；

⑥ 插座、开关、风扇安装。

3）电气照明

① 照明（盘）柜安装及接线、桥架、线槽安装及插接母线安装；

② 电缆、电线穿管、金属导管接地；

③ 桥架内电缆敷设及线槽敷线及接地、线缆的标识；

④ 插座、开关、风扇、灯具安装。

4）防雷接地

① 建筑物等电位箱安装、接地测试点安装、设备与布线系统的接地、标识；

② 接闪器安装、引下线敷设。

（9）智能

1）通信网络

① 有线电视系统安装；

② 公共广播系统安装。

2）报警消防

火灾报警控制系统安装、消防联动系统安装、接地、标识。

3）安全防范

① 电视监控系统的安装；

② 入侵报警系统的安装；

③ 巡更系统的安装；

④ 门禁系统的安装；

⑤ 停车管理系统的安装。

4）综合布线

① 信息插座和光缆芯线终端安装；

② 配线架及相关设备安装、接地。

（10）建筑节能

1）墙体节能工程

① 主体结构基层；

② 保温材料；

③ 饰面层。

2）幕墙节能工程

① 主体结构基层；

② 隔热材料；

③ 保温材料；

④ 隔气层；

⑤ 玻璃幕墙；

⑥ 单元式幕墙板块；

⑦ 通风换气系统；

⑧ 遮阳设施；

⑨ 冷凝水收集排放系统。

3）门窗节能工程

① 门；

② 窗；

③ 玻璃；

④ 遮阳设施。

4）屋面节能工程

① 基层；

② 保温层；

③ 保护层；

④ 面层。

5）地面节能工程

① 基层；

② 保温层；

③ 保护层；

④ 面层。

6）采暖节能工程

① 系统制式；

② 散热器；

③ 阀门与仪表；

④ 热力入口装置；

⑤ 保温材料；

⑥ 调试。

7）通风与空气调节节能工程

① 系统制式；

② 通风与空调设备；

③ 阀门与仪表；

④ 绝热材料；

⑤ 调试。

8）空调与采暖系统的冷热源及管网节能工程

① 系统制式；

② 冷热源设备；

③ 辅助设备；

④ 管网；

⑤ 阀门与仪表；

⑥ 绝热、保温材料；

⑦ 调试。

9）配电与照明节能工程

① 低压配电电源；

② 照明光源、灯具；

③ 电能质量检测、光密度检测、母线力矩检测；

④ 控制功能；

⑤ 调试。

10）监测与控制节能工程

① 冷、热源系统监测控制系统；

② 空调水系统的监测控制系统；

③ 通风与空调系统的监测控制系统；

④ 监测与计量装置；

⑤ 供配电的检测控制系统；

⑥ 照明自动控制系统；

⑦ 综合控制系统。

4. 工程竣工后状况

（1）建筑物外部情况，包括全景、夜景、重要局部；

（2）建筑物内部情况，包括各个功能区的全景及重要局部；

（3）沉降观测及沉降观测点；

（4）建筑物的配套工程设施、无障碍设施；

（5）建筑物周围的绿化、雕塑等环境工程。

十二、工程质量检验技术管理

(一) 工程质量检验概述

1. 工程质量检验的概念

质量检验是质量管理的一个十分重要的组成部分。工程质量检验就是借助于某种手段和方法，测定建设工程的质量特性，然后把测定结果与设计和施工质量验收规范比较，从而对建设工程产品作出合格或不合格的判断；在不合格的情况下还要作出适用或不适用的判断。

2. 工程质量检验的分类

对建设工程而言，工程质量检验一般按建筑产品形成阶段划分。主要包括：工程物资进场检验，过程检验（工序检验），质量验收（成品检验，按从小到大包括检验批、分项工程、子分部工程、分部工程和单位工程验收）。

(二) 工程物资检验技术管理

1. 基本要求

（1）对于工程上使用的所有材料、物资和设备均应进行检验，合格后方可用于工程。包括施工单位自采物资、甲方直接提供物资、分包使用建筑材料。

（2）对于国家和地方明令限制或禁止使用的建筑材料，要严格执行相关的规定，不能应用于工程之中。

（3）所有进场物资，均应按相应技术质量标准要求进行外观和资料检验，需要复试的要委托检测机构进行复试。

2. 施工物资进场检验、试验流程

施工物资进场检验、试验流程，如图 12-1 所示。

3. 工程材料样品报审制度

（1）对建筑使用功能有重要影响的工程材料应严格执行样品报审签字制度，项目总（主任）工程师组织材料样品评审报审工作。

（2）进场物资严格执行样品制度，供应商必须提供物资样品，并报请建设、监理、设计等单位签字认可，项目部应安排专人对材料样品进行妥善管理。

（3）物资进场时如与样品不符，应拒绝入场。

4. 施工物资检验制度

（1）建筑工程物资均应有质量证明文件（包括：产品合格证、质量合格证、检验报告、试验报告、产品生产许可证和质量保证书等）。质量证明文件应反映工程物资的品种、

规格、数量、性能指标等，并与实际进场物资相符。质量证明文件的复印件应与原件内容一致，加盖原件存放单位公章，注明原件存放处，并有经办人签字和时间。

（2）项目部负责收集、整理和保存供应单位或加工单位的质量证明文件和进场后进行的试（检）验报告，并保证工程资料的可追溯性。

（3）建筑工程的主要材料、半成品、成品、构配件、器具、设备应进行现场验收，有进场检验记录；并按工程施工质量验收规范及相关规定进行复试或试验，并有相应数量的有见证取样送检，有相应试（检）验报告。

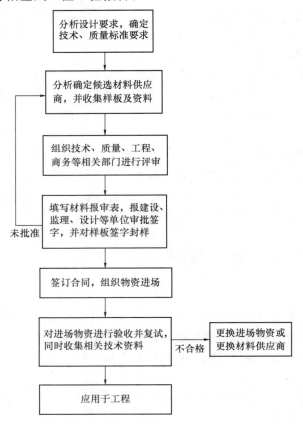

图 12-1　施工物资进场检验、试验流程

（三）工程隐检和技术复核技术管理

1. 隐检

隐蔽工程是指将被下一道工序所掩埋、覆盖而无法再直接检查的工程项目。需要隐蔽验收的工程应停工待检，由工长负责组织有关人员进行隐蔽验收工作，填写隐蔽工程检查记录，验收完毕后交项目技术部保存。隐检项目主要包括：

（1）土建工程

土方工程、支护工程、桩基工程；地下防水工程（地下室施工缝、变形缝、止水带、过墙管（套管）做法）；基础和主体结构钢筋工程；现场结构构件、钢筋（焊接）连接；

预应力工程；钢结构工程；地面工程；抹灰工程；门窗工程；吊顶工程；轻质隔墙工程；饰面板（砖）工程；幕墙工程；细部工程；厕浴间防水工程；屋面工程。

（2）建筑节能工程

墙体节能工程、幕墙节能工程、门窗节能工程、屋面节能工程、地面节能工程、采暖节能工程、通风与空调节能工程、空调与采暖系统冷暖及管网节能工程、配电与照明节能工程、监测与控制节能工程。

（3）建筑采暖卫生与煤气安装工程

直埋于地下或结构中，暗敷设于沟槽、管井、吊顶及不进人的设备层内的，以及有保温、隔热（冷）要求的管道和设备。内容包括：管材、管件安装的位置、标高、坡度；各种管道间的水平、垂直净距；管道安排和套管尺寸；管道与相邻电缆间距；接头做法及质量；管径和变径位置；附件使用、支架固定、基底处理；防腐做法；保温的质量以及试水方式、结果。

（4）建筑电气工程

埋在结构内的各种电线导管；利用结构钢筋做的避雷引下线；接地极埋设与接地带连接处焊接；均压环、金属门窗与接地引下线的焊接或铝合金窗的连接；不能进入吊顶内的电气导管及线槽、桥架等敷设；直埋电缆。检查内容包括：品种、规格、位置、标高、弯度、接头、焊接、跨接地线、防腐、管盒固定、管口处理、敷设情况、保护层及其他管线的位置关系。

（5）通风与空调工程

敷设于暗井道、吊顶或被其他工程（如设备外砌砖墙、管道及部件保温隔热等）所掩盖的项目、空气洁净系统、制冷管道系统及重要部件。检查包括：接头（缝）有无开脱；风管及配件严密性试验，附件设置位置是否正确；活动件是否灵活可靠、方向正确；有坡度要求项目的坡度情况；支、托、吊架的位置、固定情况；设备的情况、方向、节点处理、保温及防结露处理、防渗漏功能，互相连接情况、防腐处理情况及效果。

2. 技术复核

（1）为避免发生工作差错而造成重大损失或对后续工序质量造成重大影响，在工程开工前，项目总工程师应根据工程特点组织项目部相关人员编制项目技术复核计划，明确复核内容以及责任人。

（2）项目总工程师组织有关责任工程师、作业队有关人员等进行技术复核，做好记录，及时存档。

（3）技术复核的主要内容：

1）建筑物的位置和高程：施工测量控制（网）桩的坐标位置，测量定位的标准轴线（网）桩位置及其间距，水准点、轴线、标高等。

2）地基与基础工程、设备基础：基坑（槽）底的土质；基础中心线的位置；基础底标高、基础各部尺寸。

3）混凝土及钢筋混凝土工程：模板的位置、标高及各分部尺寸，预埋件、预留孔的位置、标高、型号和牢固程度；现浇混凝土的配合比、组成材料的质量状况；钢筋的品种、规格、接头位置、搭接长度；预埋构件安装位置及标高、接头情况、构件强度；预应力。

4）钢结构工程：深化设计施工图及结点大样图、构件的几何尺寸、安装位置等。

5）砌体工程：墙身中心线、皮数杆、砂浆配合比等。

6）幕墙工程：测量控制轴线、标高线、预埋件位置等。

7）防水工程：构造层次、做法、防水材料的配合比、材料的质量等。

8）给水排水及采暖工程：管道坐标、标高、设备规格、系统调试等。

9）通风与空调工程：设备规格、部件排版、系统调试等。

10）装配式结构工程：钢筋混凝土柱、屋架、吊车梁以及特殊屋面的形状、尺寸等。

11）管道工程：各种管道的标高及其坡度。

12）电气工程：变、配电位置；高低压进出口方向；电缆沟的位置和方向；送电方向。

13）设备安装：设备基础的标高、坐标，设备接口朝向。

14）智能建筑工程：防火封堵、变形缝补偿装置、系统调试等。

15）其他需要进行技术复核的内容。

（4）技术复核的项目，其复核结果经技术负责人确认复核无误后方可转入下道工序施工，每项复核必须建立复核记录。

（5）项目总工程师对施工组织设计复核。项目部内业技术工程师对施工方案、图纸会审、设计变更、变更核定复核。现场管理各工程师对施工交底进行复核。

（四）工程质量验收技术管理

1. 验收的要求

（1）建筑工程施工质量应符合《建筑工程施工质量验收统一标准》和相关专业验收规范的规定，以及合同约定的质量目标；

（2）建筑工程施工应符合工程勘察、设计文件的要求；

（3）参加建筑工程施工质量验收的各方人员应具备规定的资格；

（4）工程质量的验收均应在施工单位自行检查评定的基础上进行；

（5）隐蔽工程在隐蔽前应由施工单位通知有关单位进行验收，并形成验收文件；

（6）涉及结构安全的试块、试件以及有关材料，应按规定进行见证取样检测；

（7）检验批的质量应按主控项目和一般项目验收；

（8）对涉及结构安全和使用功能的重要分部工程应进行抽样检测；

（9）承担见证取样检测及有关结构安全检测的单位应具有相应资质；

（10）工程的观感质量应由验收人员通过现场检查，并应共同确认。

2. 检验批质量验收

根据《建筑工程施工质量验收统一标准》GB 50300 的要求，将工程施工分为十个分部（含节能分部）。在验收中根据工程量大小可将分项工程分成一个或若干个检验批来验收。

（1）检验批的划分

1）检验批应根据施工及质量控制和专业验收需要按楼层、施工段、变形缝等进行划分；

2）多层及高层建筑工程中主体分部工程中的分项工程可按楼层或施工段来划分检验批；

3）单层建筑工程中的分项工程可按变形缝等划分检验批；

4）地基基础分部工程中的分项工程一般按底板、不同地下层、后浇带划分为若干个检验批；

5）屋面分部工程中的分项工程可按变形缝等划分检验批；

6）其他分部工程中的分项工程一般按楼层划分检验批；

7）对于工程量较少的分项工程可统一划为一个检验批；

8）安装工程一般按一个设计系统或设备组别划分一个检验批；

9）室外工程统一划分为一个检验批；

10）散水、台阶、明沟等含在地面检验批中。

（2）检验批合格质量要求

主控项目和一般项目的质量经抽样检验合格。

1）主控项目。主控项目是必须达到的要求，主控项目包括的内容主要有：

重要材料、构件及配件、成品及半成品、设备性能及附件的材质、技术性能等。检查出厂证明及试验数据，如水泥、钢材的质量；预制楼板、墙板、门窗等构配件的质量；风机等设备的质量。

2）一般项目。一般项目是除主控项目以外的检验项目。在一般项目中，用数据规定的标准，可以有个别偏差范围。对不能确定偏差值而又允许出现一定缺陷的项目，则以缺陷的数量来区分。

（3）检验批质量验收流程，如图 12-2 所示。

3. 分项工程质量验收

（1）分项工程的划分

按主要工种、材料、施工工艺、设备类别等进行划分。

（2）分项工程合格质量应符合下列规定：

分项工程所含的检验批均应符合合格质量的规定，质量验收记录应完整。

（3）分项工程的验收

项目部自检合格后，先填好分项工程的质量验收记录（有关监理记录和验收结论不填），项目部质检员和项目主任工程师分别在分项工程的质量验收记录中进行签字，然后报验监理，由监理工程师（建设单位项目技术负责人）组织上述人员验收。

（4）分项工程质量验收流程，如图 12-3 所示。

4. 分部（子分部）工程质量验收

（1）分部工程的划分

分部工程按专业性质、建筑部位划分，当工程较大或较复杂时，可按种类、施工特点、施工程序、专业系统及类别等划分为若干子分部。

（2）分部工程的验收

同一分部（子分部）中的所有分项工程完成并通过验收后，由监理总工程师（建设单位项目负责人）组织施工单位项目负责人、项目技术和质量负责人及有关人员进行分部（子分部）工程验收，并在分部（子分部）工程验收记录相关栏目签字，主要是核查和归

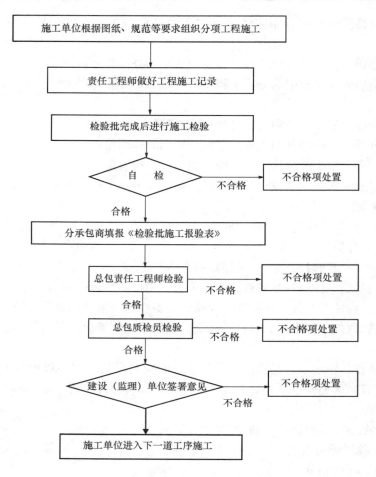

图 12-2　检验批质量验收流程

纳各检验批的施工操作依据、质量检查记录，查对其是否配套完整。

其中地基基础、主体结构分部工程的验收，应提前一周通知公司质量部、技术管理部验收并签认，再由监理总工程师（建设单位项目负责人）组织勘察、设计等单位项目负责人和施工单位质量部、技术管理部负责人等参加分部工程验收，参验人员在分部工程验收记录相关栏目签字。该验收同时报建设工程质量监督机构。

（3）分部（子分部）工程合格质量应符合下列规定：

分部（子分部）工程所含分项工程的质量均应验收合格，质量控制资料完整，地基与基础、主体结构和设备安装等分部工程有关安全及功能的检验和抽样检测结果应符合有关规定，观感质量验收应符合要求。

（4）分部（子分部）工程质量验收流程，如图 12-4 所示。

5. 单位（子单位）工程质量验收

（1）单位工程的划分

具备独立施工条件并能形成独立使用功能的建筑物及构筑物为一个单位工程，建筑规模较大的单位工程，可将其能形成独立使用功能的部分作为一个子单位工程。

（2）单位工程的验收

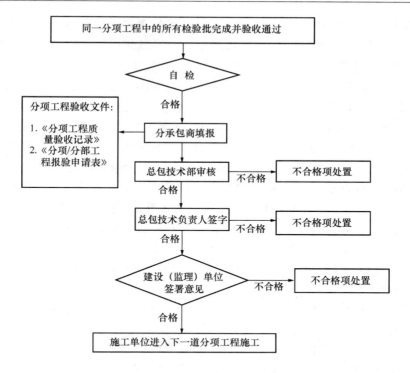

图 12-3 分项工程质量验收流程

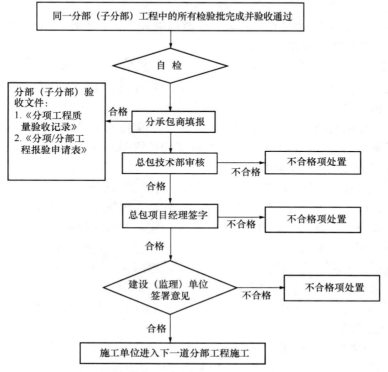

图 12-4 分部（子分部）工程质量验收流程

1）工程竣工验收前，各参建单位的主管（技术）负责人应对本单位形成的工程资料进行竣工审查；建设单位应按照国家验收规范和北京城建档案馆管理的有关要求，对勘察、设计、监理、施工单位汇总的工程资料进行验收，使其完整、准确。

2）单位工程有分包施工时，分包单位对所承包的工程项目按建筑工程施工质量验收统一标准规定的程序检查评定，总包单位应派人参加。分包工程施工完毕后，应将工程有关资料交总包单位。项目副经理负责与分承包商办理实物交接检查验收手续。

3）单位工程完成后，施工单位依据施工合同和相关质量验收规范、规程、标准及设计图纸等，由项目主任工程师组织项目工程部、技术部、质检员等相关人员进行单位工程质量验收工作，验收合格后，提前一周报验公司质量管理，由公司总工程师组织公司质量管理部门、技术管理部门、项目经理及项目相关人员参加单位工程竣工验收。

4）施工单位自行验收合格后，填写单位工程预验收报验表，并附相应竣工资料（包括分包单位）报监理单位，申请工程竣工预验收。总监理工程师根据有关规定组织监理工程师与施工单位相关管理人员共同对工程进行检查验收，验收合格后总监理工程师签署单位工程竣工预验收报验表。

5）工程竣工预验收合格后，由项目监理部向建设单位提交工程质量评估报告。该评估报告应有项目总监及监理单位技术负责人的签章。

6）工程竣工预验收合格后，由项目部向建设单位提交工程竣工报告，工程竣工报告应经项目经理和企业法人签字、盖章，总监理工程师签署意见，并签字、盖章。建设单位收到工程竣工报告后，对符合竣工要求的工程，组织勘察、设计、施工、监理等单位和其他有关方面的专家组成验收组，制定验收方案。

7）建设单位应提前7个工作日将竣工验收的时间、地点及验收人员名单书面通知负责该工程质量监督的工程质量监督机构。

8）建设单位（项目）负责人组织勘察、设计、施工（含分包单位）、监理等单位（项目）负责人进行单位（子单位）工程验收。验收内容包括：建设、勘察、设计、施工、监理单位分别汇报工程合同履约情况和在工程建设各个环节执行法律、法规和工程建设强制性标准的情况；审阅建设、勘察、设计、施工、监理单位的工程档案资料；实地查验工程质量；对工程勘察、设计、施工、设备安装质量和各管理环节等方面作出全面评价，形成经验收组人员签署的工程竣工验收意见。

9）单位（子单位）工程质量竣工验收记录（即四方验收单）相关内容由施工单位填写，验收结论由监理单位填写，综合验收结论（即对工程质量是否符合设计和规范要求及总体质量水平作出的评价）由参加验收各方共同商定，并由建设单位填写。

10）参与工程竣工验收的建设、勘察、设计、施工、监理等各方不能形成一致意见时，应当协商提出解决办法，待意见一致后，重新组织工程竣工验收。

（3）单位（子单位）工程合格质量应符合下列规定：

1）单位（子单位）工程所含分部（子分部）工程的质量均应验收合格。

2）质量控制资料应完整。

3）单位（子单位）工程所含分部工程有关安全和功能的检测资料应完整。

4）主要功能项目的抽查结果应符合相关专业质量验收规范的规定。

5）观感质量验收应符合要求。

6）工程质量达不到国家验收规范要求、设计要求或合同约定的不得组织竣工验收。

（4）当建筑工程质量不符合要求时，应按下列规定进行处理：

1）经返工重做或更换器具、设备的检验批，应重新进行验收；

2）经有资质的检测单位检测鉴定能够达到设计要求的检验批，应予以验收；

3）经有资质的检测单位鉴定达不到设计要求，但经原设计单位核算认可能够满足结构安全和使用功能的检验批，可予以验收；

4）经返修或加固处理的分项、分部工程，虽然改变外形尺寸但仍能满足安全使用要求，可按技术处理方案和协商文件进行验收；

5）通过返修或加固处理仍不能满足安全使用要求的分部工程、单位（子单位）工程，严禁验收。

（5）竣工备案依据

1）《建设工程质量管理条例》（国务院令第 279 号，2000 年颁发）；

2）《房屋建筑工程和市政基础设施工程竣工验收备案管理暂行办法》（建设部令第 78 号，2000 年颁发）；

3）《关于调整建设工程竣工备案有关事项的通知》（京建质〔2002〕312 号）。

（6）竣工验收及备案流程，如图 12-5 所示。

（7）竣工备案流程相关说明

1）工程预验收

① 验收条件：项目基本按照合同完成施工内容，技术资料基本齐全。

② 验收程序：项目部向公司提出工程预验收申请，公司技术负责人组织质量、技术及项目部进行工程预验收。

③ 形成文件：工程预验收记录

2）人防工程验收

① 验收条件：人防工程部分土建及机电图纸；人防工程部分土建及机电施工记录及检验、验收记录；人防工程结构验收记录。

② 验收程序：项目主任工程师组织建设单位、监理单位、设计单位参加人防工程验收。

③ 形成文件：人防工程验收证明。

3）环保工程验收

① 验收条件：由环卫部门现场抽取水样化验；生活水箱设计、施工资料及厂家资质。

② 验收程序：项目机电经理组织环保验收。

③ 形成文件：水质检测报告。

4）规划验收

① 验收条件：规划许可证、小区建设环境评估报告、勘察、测绘部门对已完工工程进行测绘报告。

② 验收程序：建设部门负责申报。

③ 形成文件：规划认可文件。

5）电梯工程

① 验收条件：电梯安装检测完成；电梯前室及设备机房土建装修及机电安装工程完

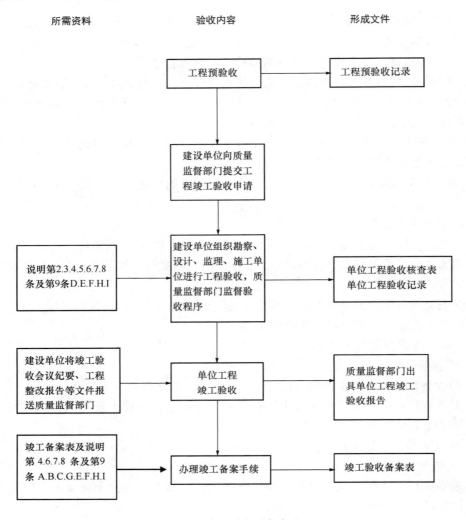

图 12-5　竣工验收及备案流程

成；电梯工程设备、材料质量证明文件；电梯工程施工及验收文件。

② 验收程序：电梯安装部门负责申报。

③ 形成文件：电梯工程合格证明。

6）室内环境检测

①验收条件：室内精装修完成。

②验收程序：建设单位负责申报。

③形成文件：室内环境检测报告。

7）消防工程验收

① 验收条件：室内精装修基本完成、门窗工程安装完成、室外总图工程完成、形成环形消防通道、机电安装工程完成、填报消防验收申请表。

② 验收程序：项目机电经理组织建设单位、监理单位、设计单位参加消防工程验收。

③ 形成文件：建筑工程消防意见书。

8）建筑节能工程验收

① 验收条件：节能分部工程完成、施工检验合格。

② 验收程序：由项目主任工程师组织分包单位验收形成相关文件后，再由建设单位负责申报。

③ 形成文件：节能工程专项验收报告、建筑节能分部工程质量验收表。

9）建设工程档案预验收

① 验收条件：工程技术资料收集齐全，基本编制完成。

② 验收程序：主任工程师报请城建档案馆验收。

③ 形成文件：建设工程档案预验收记录。

10）其他文件

① 工程质量保修书或保修合同：由项目合约部门负责签订。

② 住宅质量保证书：项目技术部门负责编制。

③ 住宅使用说明书：项目技术部门负责编制。

④ 建设单位、监理单位、施工单位管理人员基本情况登记注册表。

⑤ 质量监督部门所需工程开工注册手续。

⑥ 质量监督部门所需工程施工记录及验收记录。

⑦ 工程款清算单：由项目合约部门负责与建设单位签订。

⑧ 单位工程验收记录。

⑨ 建设单位签署的工程竣工报告及勘察、设计、施工、监理单位签署的质量报告。

⑩ 施工图设计文件审查意见。

参 考 文 献

[1] 杨晓毅，刘梅，王晓光. 怎样当好项目总工程师[M]. 北京：中国建筑工业出版社，2009.

[2] 张寿岩. 北京市开创与评审建筑结构长城杯工程实施指南[M]. 北京：中国市场出版社，2004.

[3] 建筑施工手册编写组. 建筑施工手册(第五版)[M]. 北京：中国建筑工业出版社，2003.